资源共享平台网络

王子安◎主编

汕頭大學出版社

图书在版编目（ＣＩＰ）数据

资源共享平台——网络 / 王子安主编. -- 汕头 ：
汕头大学出版社，2012.4（2024.1重印）
ISBN 978-7-5658-0689-6

Ⅰ. ①资… Ⅱ. ①王… Ⅲ. ①互联网络－普及读物
Ⅳ. ①TP393.4-49

中国版本图书馆CIP数据核字（2012）第057615号

资源共享平台——网络

主　　编：王子安
责任编辑：胡开祥
责任技编：黄东生
封面设计：君阅天下
出版发行：汕头大学出版社
　　　　　广东省汕头市汕头大学内　邮编：515063
电　　话：0754-82904613
印　　刷：唐山楠萍印务有限公司
开　　本：710mm×1000mm　1/16
印　　张：12
字　　数：65千字
版　　次：2012年4月第1版
印　　次：2024年1月第2次印刷
定　　价：55.00元
ISBN 978-7-5658-0689-6

前　言

　　青少年是我们国家未来的栋梁，是实现中华民族伟大复兴的主力军。一直以来，党和国家的领导人对青少年的健康成长教育都非常关心。对于青少年来说，他们正处于博学求知的黄金时期。除了认真学习课本上的知识外，他们还应该广泛吸收课外的知识。青少年所具备的科学素质和他们对待科学的态度，对国家的未来将会产生深远的影响。因此，对青少年开展必要的科学普及教育是极为必要的。这不仅可以丰富他们的学习生活、增加他们的想象力和逆向思维能力，而且可以开阔他们的眼界、提高他们的知识面和创新精神。

　　网络的出现给人类的生产生活带来了很大的便利。由于各种互联网服务的出现，全球人类的生活品质有了极大的提高。《资源共享平台——网络》一书将向读者详细介绍网络类型、网络用途，从而让广大读者进一步认识、了解网络，并更好的利用网络便捷、快速、省时、省事的特点为人类服务。

本书属于"科普·教育"类读物，文字语言通俗易懂，给予读者一般性的、基础性的科学知识，其读者对象是具有一定文化知识程度与教育水平的青少年。书中采用了文学性、趣味性、科普性、艺术性、文化性相结合的语言文字与内容编排，是文化性与科学性、自然性与人文性相融合的科普读物。

　　此外，本书为了迎合广大青少年读者的阅读兴趣，还配有相应的图文解说与介绍，再加上简约、独具一格的版式设计，以及多元素色彩的内容编排，使本书的内容更加生动化、更有吸引力，使本来生趣盎然的知识内容变得更加新鲜亮丽，从而提高了读者在阅读时的感官效果。

　　尽管本书在编写过程中力求精益求精，但是由于编者水平与时间的有限、仓促，使得本书难免会存在一些不足之处，敬请广大青少年读者予以见谅，并给予批评。希望本书能够成为广大青少年读者成长的良师益友，并使青少年读者的思想能够得到一定程度上的升华。

2012年3月

目录

第一章 网 络

因特网 3

局域网 22

城域网 34

广域网 41

网络媒体 49

第二章 网络的用途

网络电话 67

网络电视 73

网络硬盘 82

网络金融 87

网上超市 106

网上购物 109

远程办公 121

网络教育 123

电子医院 130

第三章　先进的通讯

无线话筒⋯⋯⋯⋯⋯⋯⋯⋯⋯⋯⋯⋯⋯⋯⋯⋯⋯⋯⋯⋯　139

卫星通信⋯⋯⋯⋯⋯⋯⋯⋯⋯⋯⋯⋯⋯⋯⋯⋯⋯⋯⋯⋯　149

可视电话⋯⋯⋯⋯⋯⋯⋯⋯⋯⋯⋯⋯⋯⋯⋯⋯⋯⋯⋯⋯　158

网基电话⋯⋯⋯⋯⋯⋯⋯⋯⋯⋯⋯⋯⋯⋯⋯⋯⋯⋯⋯⋯　164

智能手机⋯⋯⋯⋯⋯⋯⋯⋯⋯⋯⋯⋯⋯⋯⋯⋯⋯⋯⋯⋯　165

第四章　通信技术

无线通信⋯⋯⋯⋯⋯⋯⋯⋯⋯⋯⋯⋯⋯⋯⋯⋯⋯⋯⋯⋯　171

全球卫星定位系统⋯⋯⋯⋯⋯⋯⋯⋯⋯⋯⋯⋯⋯⋯⋯⋯　181

光纤有线通信⋯⋯⋯⋯⋯⋯⋯⋯⋯⋯⋯⋯⋯⋯⋯⋯⋯⋯　184

第一章

网　络

现代社会是一个网络时代，网络的出现给人类的生产生活带来了很大的便利。由于各种互联网服务的出现，全球人类的生活质量有了极大的提高。

网络的出现让人类的生活更加便捷和丰富，从而促进了人类社会的进步，并且丰富了人类的精神世界和物质世界，让人类能够最便捷地获取信息，找到所求，生活也变得更加丰富多彩。

网络最早起源于20世纪60年代，是在苏美冷战时诞生。与很多人的想象相反，起初Internet的建立并非某项完美计划的结果，Internet的创始人也绝对不会想到在他精心研究下诞生的高科技产物居然能发展成目前惊人的规模和影响。在Internet面世之初，没有人能想到它会进入千家万户，也没有人能想到它的发展趋势逐渐走向了商业，具有商业用途，并且具有很强的商业潜力。

未来，网络一定还会有突飞猛进的发展趋势。届时，网络将用于更加广泛的领域，它将以一种更加便捷的方式为人类的生产生活服务。

因 特 网

众所周知，在这个网络时代，因特网在人们的生产生活中占据了很重要的位置。因特网的使用给现代人带来了极大的便利。那么因特网究竟是怎么回事呢？

事实上，因特网（Internet）是一组全球信息资源的总汇。从大众化的认识来讲，Internet是由许多小的网络（子网）互联而成的一个

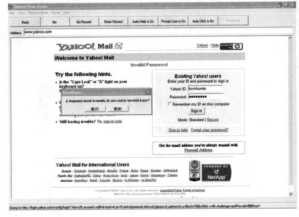

逻辑网，每个子网中连接着若干台计算机（主机）。因特网的最终目的是为了相互交流信息资源，它基于一些共同的协议，并通过许多路由器和公共互联网联接而成。计算机网络只是传播信息的载体，而因特网的优越性和实用性

则在于其本身。因特网最高层域名可以分为两大类，即机构性域名和地理性域名，目前主要有14种机构性域名。

因特网在很大程度上提高了科研效率，可以帮助科学家们很快接触到其所研究领域中全球范围内的所有可用数据和成果。另外，在做生意方面，商业信息和其他所有物质资源也是一样宝贵的，

因此能够接触因特网的人比不能接触的人要有更大的竞争优势。最后，在因特网的帮助下，私人交流变得更加方便、迅速。尽管如今因特网的优点很是受人关注，但是它

的缺点也是不可忽视的。不是所有的网上资源都有用而且无害的，比如，一些破坏性的和色情的东西会渗透到某些信息中，而那些对网络不是很熟的人就会将其下载下来。

目前，因特网的迅速发展，已成为新的商业热点。国际互联网是未来信息高速公路的雏形及实验场。近年来的用户数量成爆炸

用户不关心网络的连接，他们只关心网间网所提供的丰富资源。因特网具有以下几个特点：

第一，因特网能通过中间网络收发数据与信息。

第二，因特网的用户与应用程序不需要了解硬件连接的细节，可谓用户隐藏网间网的底层节点。

性地增长，连入Internet的计算机不止千万，可见其规模之大。

◇ 因特网的特点

在逻辑上，因特网是统一的、独立的；在物理上，因特网则是由不同的网络互连而成的。所以它的

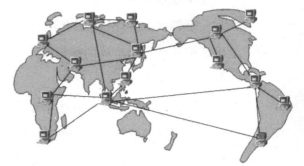

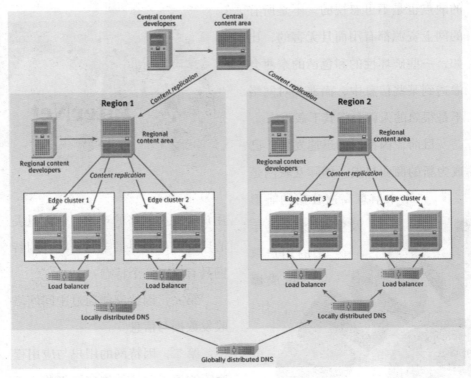

第三，不必指定网络互连的拓扑结构，特别是在增加新网时，不要求全互联，亦不要求严格星型连接。

第四，网间网中所有的计算机，可共享一个全局的标识符，即名字或地址集合。

第五，用户界面独立于网络，就是说建立通信与传达数据的一系列操作，与低层网络技术及信宿机是无关的。

◇ 因特网的历史及发展

因特网于1969年投入使用，是最早来源于美国国防部高级研究计划局DARPA的前身ARPA建立的ARPAnet。从20世纪60年代开始，ARPA就开始向美国国内大学的计算机系和一些私人有限公司提供经费，以促进基于分组交换技术的计

算机网络的研究。1968年ARPA为ARPAnet网络项目立项，这个项目的主导思想是：网络必须能够经受住故障的考验而维持正常工作，一旦发生战争，即便网络的某一部分因遭受攻击而失去工作能力时，网络的其他部分也应当能够维持正常通信。

1972年，ARPAnet在首届计算机后台通信国际会议上首次与公众见面，此次活动中还对其分组交换

技术的可行性进行了验证。由此，ARPAnet成为现代计算机网络诞生的标志。此外，ARPAnet在技术上还有另一个重大贡献，那就是TCP/IP协议簇的开发和使用。

1980年，ARPA投资把TCP/IP加进UNIX（BSD4.1版本）的内核中，在BSD4.2版本以后，TCP/IP协议即成为UNIX操作系统的标准通信模块。

1982年，Internet由ARPAnet、MILNET等几个计算机网络合并而

成。作为Internet的早期骨干网，ARPAnet试验并奠定了Internet存在和发展的基础，较好地解决了异种机网络互联的一系列理论和技术问题。

1983年，ARPAnet分裂为

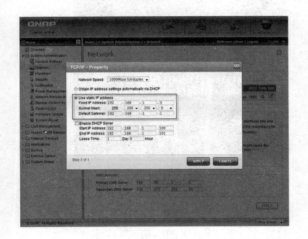

ARPAnet和纯军事用的MILNET两部分。该年1月，ARPA把TCP/IP协议作为ARPAnet的标准协议。其后，人们就把这个以ARPAnet为主干网的网际互联网称为Internet，TCP/IP协议簇便在Internet中进行研究、试验，并将其进行了相应的改进，使之在使用的时候成为了方便、效率极好的协议簇。与此

同时，局域网和其他广域网的产生和蓬勃发展对Internet的进一步发展起了重要的作用。其中，最为引人注目的就是美国国家科学基金会NSF建立的美国国家科学基金网NSFnet。

1986年，NSF建立起了六大超级计算机中心，此外，NSF还建立了自己基于TCP/IP协议簇的计算机网络NSFnet，这使全国的科学家、工程师能够十分方便地共享这些超级计算机设施。NSF在全国建立

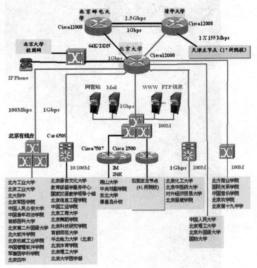

了按地区划分的计算机广域网，并将这些地区网络和超级计算中心相

联，最后将各超级计算中心互联起来。

地区网的构成一般是由一批在地理上局限于某一地域，在管理上隶属于某一机构或在经济上有共同利益的用户的计算机互联而成，连接各地区网上主通信结点计算机的高速数据专线构成了NSFnet的主干网。这样，当一个用户

的计算机与某一地区相联以后，它不但可使用任一超级计算中心的设施，也可以同网上任一用户通信，还可以获得网络提供的大量信息和数据。1990年6月，这一成功使得

NSFnet彻底取代了ARPAnet而成为Internet的主干网。

近几十年来，社会科技、文化和经济的发展突飞猛进，特别是计算机网络技术和通信技术的大发展，使得人类社会从工业社会向信息社会过渡的趋势也变得越来越明显。人们对信息的意识，对开发和使用信息资源的重视越来越强，这些都强烈刺激了ARPAnet和NSFnet的发展，使联入这两个网络

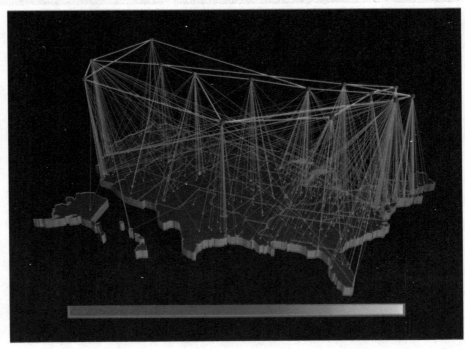

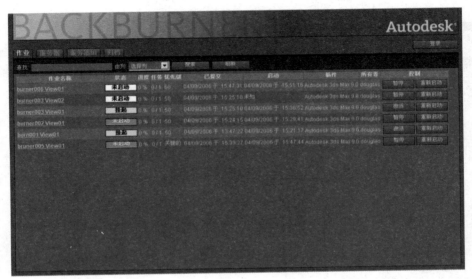

的主机和用户数目急剧增加。1988年，由NSFnet连接的计算机数就猛增到56000台，此后每年更以2到3倍的惊人速度向前发展。1994年，Internet上的主机数目达到了320万台，连接了世界上的35000个计算机网络。

如今的Internet已不再仅仅是计算机人员和军事部门进行科研的领域，而是变成了一个开发和使用信息资源的覆盖全球的信息海洋。在Internet上，按从事的业务分类，包括了广告公司、航空公司、农业生产公司、艺术、导航设备、书店、化工、通信、计算机、咨询、娱乐、财贸、各类商店、

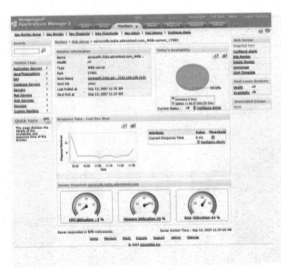

旅馆等100多类，覆盖了社会生活的方方面面，构成了一个信息社会的缩影。提供联机服务的供应商也从原先像America Online和Prodigy Service这样的计算机公司发展到像AT&T、MCI、Pacific Bell等通信运营公司也参加进来。

　　商业应用的产生带来了巨大的需求，从调制解调器到诸如Web服务器和浏览器的Internet应用市场都分外红火。在Internet蓬勃发

展的同时，其本身随着用户
需求的转移也发生着产品结
构上的变化。1994年，所有
的Internet软件几乎全是TCP/
IP协议包，那时人们需要的
是能兼容TCP/IP协议的网络
体系结构。如今Internet的重
心已转向具体应用，比如利
用万维网来做广告或进行联
机贸易。Web是Internet上增
长最快的应用，其用户已从
1994年的不到400万激增至
1995年的1000万。Web站的数目在
1995年达到了30 000个。Internet已

成为目前规模最大的国际性计算机
网络。

如今，Internet已连接了60000

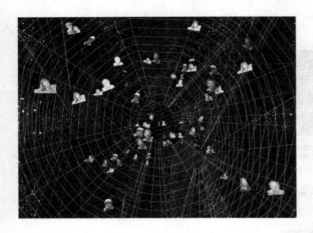

多个网络，正式连接86个国家，电子信箱能通达150多个国家，有480多万台主机通过它连接在一起，用户有2500多万，每天的信息流量达到万亿比特以上，每月的电子信件突破10亿封。同时，Internet

的应用也渗透到了各个领域，从学术研究到股票交易、从学校教育到娱乐游戏、从联机信息检索到在线居家购物等，都有长足的进步。据统计，目前在Internet的域名分布中，".com—"即商业所占比例最大，为41%；".edu—"（科教）已退居二线，占有30%的分额。在

Internet的成长中，商企界的成长占了其中的75%。但是在亚洲一些国家里，当局者却试图封锁本国的网络与国际网连接，其封锁网络技术超过发达国家。

就目前的情况而言，Internet市场仍具有巨大的发展潜力，未来其

应用将涵盖从办公室共享信息到市

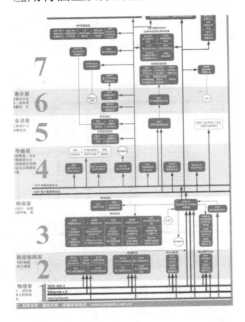

场营销、服务等广泛领域。另外，Internet带来的电子贸易正改变着现今商业活动的传统模式，其提供的方便而广泛的互联必将对未来社会生活的各个方面带来影响。然而Internet也有其固有的缺点，如网络无整体规划和设计，网络拓扑结构不清晰以及可靠性能的缺乏，而这些对于商业领域中的不少应用则是至关重要的。安全性问题是困扰Internet用户发展的另一主要因素。

虽然现在已有不少的方案和协议来确保Internet网上的联机商业交易的可靠进行，但真正适用并将主宰市场的技术和产品目前尚不明确。另外，Internet是一个无中心的网络。所有这些问题都在一定程度上阻碍了Internet的发展，要想使Internet更好地发展，就必须解决这些问题。

未来的因特网不仅具有许多奇特的功能，它还可以自动报警。当你家有小偷潜入时，因特网就会立即做出反应，发出震耳欲聋的响声。这时候，你就会马上从睡梦中醒来，让小偷无法得逞。通过因特网，你可以弄清楚已经过去了的五万年的历史，却不一定能够知道未来五十年的事情。但有一点是可以肯定的：因特网会越来越"神奇"。

◇ 因特网的关键技术

（1）万维网WWW

万维网（World Wide Web，简称WWW）是Internet上把文本、声音、图像、视频等多媒体信息集

中于一身的全球信息资源网络，是Internet上的重要组成部分。浏览器是用户通向万维网的桥梁和获取万维网信息的窗口，通过使用浏览器，用户可以在浩瀚的Internet海洋中漫游、搜索和浏览自己感兴趣的所有信息。

万维网的网页文件是通过超文件标记语言HTML编写，并在超文件传输协议HTTP支持下运行的。超文本中不仅含有文本信息，还包括图形、声音、图像、视频等多媒体信息（故超文本又称超媒体），更重要的是超文本中隐含着指向其他超文本的链接，这种链接称为超链（Hyper Links）。利用超文本，用户能轻松地从一个网页

链接到其他相关内容的网页上，而不必关心这些网页分散在主机的

何处。HTML并不是一种一般意义上的程序设计语言，它将专用的标记嵌入文档中，对一段文本的语义进行描述，经解释后产生多媒体效果，并可提供文本的超链。

万维网浏览器是一个客户端的程序，其主要功能是使用户获取Internet上的各种资源。常用的浏览器有Microsoft的Internet Explorer（IE）和Netvigator/Communicator。SUN公司也开发了一个用Java编写的浏览器Hot Java。Java是一种新型的、独立于各种操作系统和平台的动态解释性语言，Java使浏览器具有了动画效果，为连机用户提供了实时交互功能。目前常用的浏览器均支持Java。

（2）电子邮件E-mail

E-mail是Internet上使用最广泛

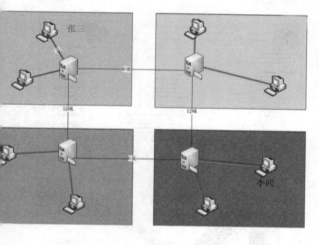

的一种服务。用户只要能与Internet连接，具有能收发电子邮件的程序及个人的E-mail地址，就可以与Internet上具有E-mail的所有用户方便、快速、经济地交换电子邮件，

可以在两个用户间交换电子邮件，也可以向多个用户发送同一封邮件，或将收到的邮件转发给其他用户。电子邮件中除文本外，还可包含声音、图像、应用程序等各类计算机文件。此外，用户还可以根据邮件方式在网上订阅电子杂志、获取所需文件、参与有关的公告和讨论组，甚至还可浏览万维网资源。

收发电子邮件必须有相应的软

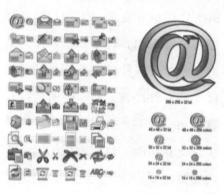

件支持。常用的收发电子邮件的软件有Exchange、Outlook Express等，这些软件提供邮件的接收、编辑、发送及管理功能。大多数Internet浏览器也都包含收发电子邮件的功能，如Internet Explorer和Navigator/Communicator。

邮件服务器使用的协议有简单邮件传输协议SMTP、电子邮件扩充协议MIME和邮局协议POP。POP服务需由一个邮件服务器来提供，用户必须在该邮件服务器上取得账号才可能使用这种服务。目前使用得较普遍的POP协议为第3版，故又称为POP3协议。

（3）Usenet

Usenet是一个由众多趣味相投的用户共同组织起来的各种专题讨论组的集合。通常也将之称为全

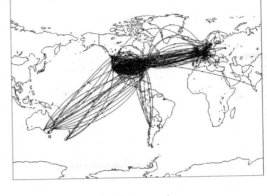

球性的电子公告板系统（BBS）。

Usenet用于发布公告、新闻、评论及各种文章供网上用户使用和讨论。讨论内容按不同的专题分类组织，每一类为一个专题组，称为新闻组，其内部还可以分出更多的子专题。

Usenet的每个新闻都由一个区分类型的标记引导，每个新闻组围绕一个主题，如comp.（计算机方面的内容）、talk.（讨论交流）、news.（Usenet本身的新闻与信息）、soc.（社会问题）、rec.（体育、艺术及娱乐活动）、sci.（科学技术）、misc.（其他杂项话题）、biz.（商业方面问题）等。用户除了可以选择参加感兴趣的专题小组外，也可以自己开设新的专

题组。只要有人参加，该专题组就可一直存在下去；如果一段时间无人参加，那么这个专题组便会被自

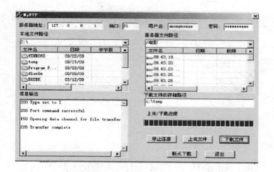

动删除。

（4）文件传输FTP

FTP（File Transfer Protocol）

协议是Internet上文件传输的基础，

通常所说的FTP是基于该协议的一种服务。FTP文件传输服务允许Internet上的用户将一台计算机上的文件传输到另一台上，几乎所有类型的文件，包括文本文件、二进制可执行文件、声音文件、图像文件、数据压缩文件等，都可以用FTP传送。

实际上，FTP是一套文件传输

服务软件，它以文件传输为界面，使用简单的get或put命令进行文件的下载或上传，如同在Internet上执行文件复制命令一样。大多数FTP服务器主机都采用Unix操作系统，但普通用户通过Windows95或Windows 98也能方便地使用FTP。

FTP最大的特点是用户可以使用Internet上众多的匿名FTP服务器。所谓匿名服务器，指的是不需

要专门的用户名和口令就可进入的系统。用户连接匿名FTP服务器时，都可以用"anonymous"（匿名）作为用户名、以自己的E-mail地址作为口令登录。登录成功后，用户便可以从匿名服务器上下载文件。匿名服务器的标准目录为pub，用户通常可以访问该目录下所有子目录中的文件。由于考虑到安全问题，大多数匿名服务器不允许用户上传文件。

（5）远程登陆Telnet

Telnet是Internet远程登陆服务的一个协议，该协议定义了远程登录用户与服务器交互的方式。Telnet允许用户在一台联网的计算

机上登录到一个远程分时系统中，

然后像使用自己的计算机一样使用该远程系统。

要使用远程登录服务，必须在本地计算机上启动一个客户应用程序，指定远程计算机的名字，并通过Internet与之建立连接。如果连接成功的话，本地计算机就像通常的终端一样，直接访问远程计算机系统的资源。远程登录软件允许用户直接与远程计算机交互，通过键盘或鼠标操作，客户应用程序将有关的信息发送给远程计算机，再由服务器将输出结果返回给用户。用户退出远程登录后，用户的键盘、显示控制权又回到本地计算机。一般用户可以通过Windows的Telnet客户程序进行远程登录。

局 域 网

局域网简称LAN，是指在某一区域内由多台计算机互联成的计算机组。"某一区域"指的是同一办公室、同一建筑物、同一公司和同一学校等，一般是指方圆几千米的范围以内。局域网可以实现文件管理、应用软件共享、打印机共享、扫描仪共享、工作组内的日程安排、电子邮件和传真通信服务等功能。局域网

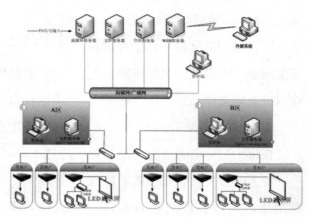

是封闭型的，可以由办公室内的两台计算机组成，也可以由一个公司内的上千台计算机组成。

LAN的拓扑结构目前常用的是总线型和环型，这是由于有限地理范围决定的。这两种结构很少在广域网环境下使用。LAN

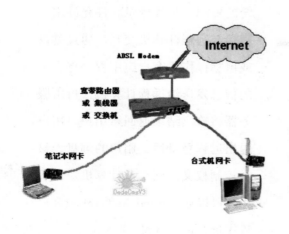

还有很多特性，例如：高可靠性、易扩缩和易于管理及安全等。

◇ 局域网的历史

　　在计算机应用的初期，人们使用的都是大中型计算机，通常简称

算机通过终端直接连到了主机上，人们不必进入机房，只需从办公室的终端上便可提交请求。之后中小型计算机又出现在了计算机的行列中，操作系统也随之出现。这时用户已经能够以交互操作方式向中心

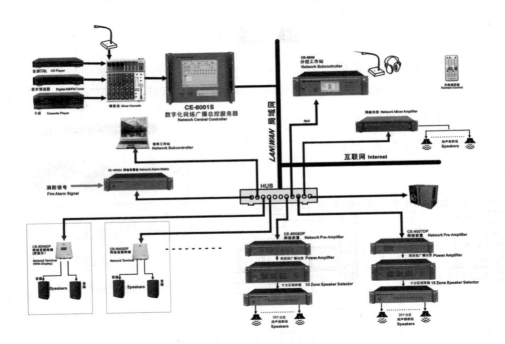

为主机。需要使用计算机的人必须向计算机操作人员提交请求，而且在获准上机后，必须等待数小时或几天才能得到结果。

　　随着电子技术的飞速发展，计

机提交请求。然而，计算机的普及使用只是在20世纪70年代出现了个人计算机（PC）后才得以实现的。

　　1981年出现的IBM PC机的处

理能力和存储能力已经可同早几年的大型机相媲美。

随着PC的大量投入市场，人们发现每台PC配置一台磁盘驱动器和打印机，费用是很高的，在当时很多人难以承受这个价格。于是出现了资源共享的方式：磁盘服务器和共享打印机。这是一种硬件和软件的组合，它可使几个PC用户很方便地

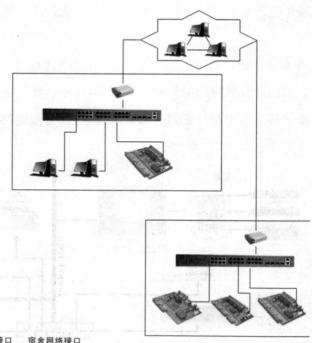

对公共硬盘驱动器进行共享式访问。第一个磁盘服务器是在CP/M操作系统下运行的。

在早期，LAN是通过用户对硬盘驱动器的共享访问，经过联到共享驱动器的计算机实现的。计算机中的软件将共享的硬盘驱动器分成称为"卷"的区域，每个用户一个。在用户看来，用户分得的"卷"犹

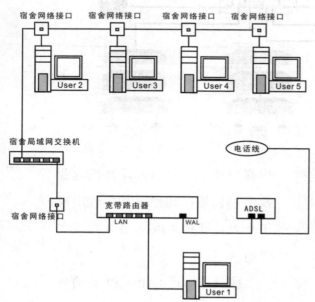

如自己的专用盘驱动器。硬盘通常　　二个供PC用户共享的设备。目前

还包括公用卷，使用户共享信息。

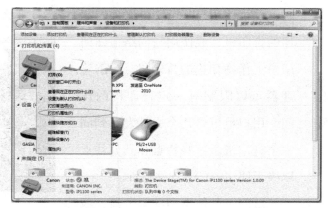

目前，LAN中的磁盘服务器已经由文件服务器所取代。文件服务器无论在用户共享文件方面，还是帮助用户跟踪它们的文

每种LAN都有这种能力，并且在多数情况下，打印服务器已成了整个LAN软件包的一部分，而不是一台独立的计算机。

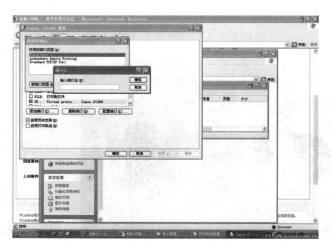

件方面都优于磁盘服务器。有些LAN能支持多个文件服务器，每个服务器又有多个硬盘驱动器与之相连，从而使LAN很容易扩充。

除硬盘驱动器为PC用户共享外，打印机是第用户在利用LAN打印服务器时，仅可使用与一定文件服务器相连的打印机，或使用与网络上任何用户工作站相连的打印机。LAN管理器可以限制对一定打印机的访问。用户也可将几个文件发送到同一个打印机。这些特点和其他特点取决于使用的LAN软件特性。

目前，其他类型的服务器，像通讯服务器、数据库服务器等也已出现了。需要强调的是，LAN是通过将一组PC连接到指定为服务器的机器上来实现的，连接媒体轴电缆等一样可以有很多种。

◇ 局域网的基本组成

要构成LAN，必须有其基本组

成部件。由于LAN是一种计算机网络，那么它就自然少不了计算机，

特别是个人计算机（PC）。几乎没有一种网络只由大型机或小型机构成。因此，个人计算机对于LAN而言，是一种必不可少的构件。

计算机互联在一起，当然也不可能没有传输媒体，这种媒体可以是同轴电缆、双绞线、光缆或辐射性媒体。

第三个构件是网络适配器，即使任何一台独立计算机通常都不配备网卡，但在构成LAN时，网络适配器仍是不可少的部件。

第四个构件是将计算机与传输媒体相连的各种连接设备，如DB-15插头座、RJ-45插头座等。

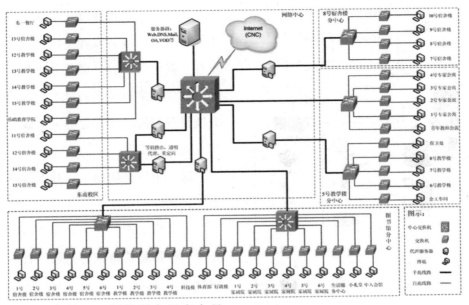

一个基本的LAN硬件平台只有在具备了上述四种网络构件才可搭成。

有了LAN硬件环境，还需要控制和管理LAN正常运行的软件，即所谓的NOS，这是在每个PC机原有操作系统上增加网络所需的功能。例如，当需要在LAN上使用字处理程序时，用户的感觉犹如没有组成LAN一样，这正是LAN操作发挥了对字处理程序访问的管理。在LAN情况下，字处理程序的一个拷贝通常保存在文件服务器中，并由LAN上的任何一个用户共享。

◇ 局域网拓扑结构

网络中的计算机等设备要实现互联，就需要以一定的结构方式进行连接，这种连接方式就叫做"拓扑结构"。目前，常见的网络拓扑结构主要划分为以下四大类：

（1）星型结构

星型结构是目前在局域网中应用得最为广泛的一种，星型结构这种方式在企业网络中几乎都在采用。星型网络几乎是Ethernet（以太网）网络专用，它是因网络中的

腾进数字化餐饮软件网络拓扑结构图

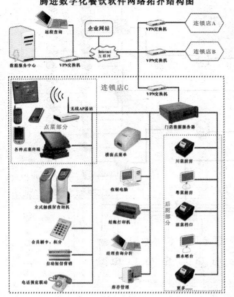

各工作站节点设备通过一个网络集中设备（如集线器或者交换机）连接在一起，各节点呈星状分布而得名。这类网络目前用的最多的传输介质是双绞线，如常见的五类线、超五类双绞线等。

这种拓扑结构网络的基本特点主要包括以下几点：

①容易实现：它所采用的传输介质一般都是价格相对比较便宜的双绞线，如目前正品五类双绞线每

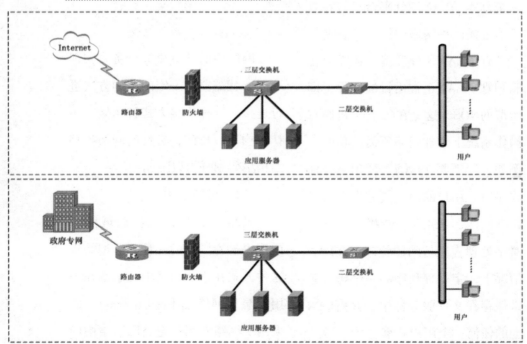

米也仅1.5元左右，而同轴电缆最便宜的每米也要2元左右，光缆的价格则更贵。这种拓扑结构主要应

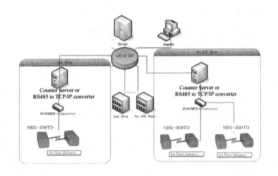

用于IEEE 802.2、IEEE 802.3标准的以太局域网中。

②维护容易：一个节点出现故障不会影响其他节点的连接，可任意拆走故障节点。

③采用广播信息传送方式：任何一个节点发送信息在整个网中的节点都可以收到，这在网络方面存在一定的隐患，但这在局域网中使用影响不大。

④节点扩展、移动方便：节点扩展时只需要从集线器或交换机等集中设备中拉一条线即可，而要移动一个节点只需要把相应节点设备

移到新节点即可，而不会像环型网络那样"牵其一而动全局"。

⑤网络传输数据快：这一点可以从目前最新的1000Mbps到10G以太网接入速度可以看出。

其实它的主要特点并不仅仅局限于这些，还有很多好的特点在我们使用网络的时候起到了很大的帮助作用。

（2）环型结构

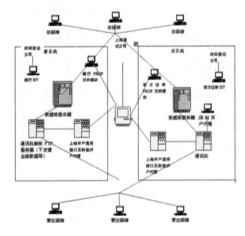

这种网络拓扑结构主要用于较大型的局域网中，假设一个单位有几栋在地理位置上分布较远（当然是同一小区中），如果单纯用星型网来组装整个公司的局域网，因受

到星型网传输介质——双绞线的单

段传输距离（100米）的限制很难成功；如果单纯采用总线型结构来布线则很难承受公司的计算机网络规模的需求。我们应结合这两种拓扑结构，在同一栋楼层采用双绞线的星型结构，而不同楼层采用同轴电缆的总线型结构，在楼与楼之间

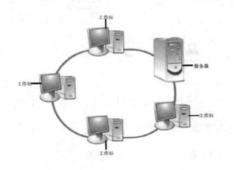

也必须采用总线型，传输介质当然要视楼与楼之间的距离而定。如果

距离较近（500米以内）可以采用粗同轴电缆来作传输介质，如果在180米之内还可以采用细同轴电缆来作传输介质，但是如果超过500米就只有采用光缆或者粗缆加中继器来满足了。这种环形拓扑结构的网络主要有以下几个特点：

①传输速度较快：在令牌网中允许有16Mbps的传输速度，它比

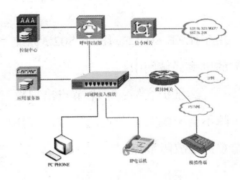

普通的10Mbps以太网要快许多。当然随着以太网的广泛应用和以太网技术的发展，以太网的速度也得到了极大提高，目前普遍都能提供100Mbps的网速，远比16Mbps要高。

②扩展性能差：也是因为它的环型结构，决定了它的扩展性能远

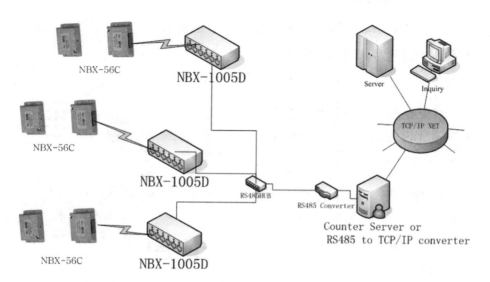

不如星型结构的好，如果要新添加或移动节点，就必须中断整个网络，在环的两端作好连接器才能连接。

③维护困难：从其网络结构可以看到，整个网络各节点间是直接串联，因此，如果任何一个节点出了故障就会造成整个网络的中断甚至瘫痪，所以维护起来就非常不便了。另一方面因为同轴电缆所采用的是插针式的接触方式，所以非常容易造成接触不良，网络中断，而

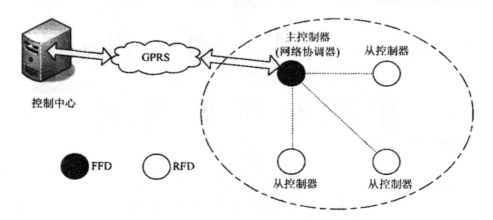

且这样查找起来非常困难，这一点相信维护过这种网络的人都会深有体会。

④速度较快：因为环形拓扑结构其骨干网采用高速的同轴电缆或光缆，所以整个网络在速度上应不受太多的限制。

（3）总线型结构

这种网络拓扑结构中所有设备都直接与总线相连，它所采用的介质一般也是同轴电缆（包括粗缆和细缆），不过现在也有采用光缆作为总线型传输介质的。

这种结构具有以下几个方面的特点：

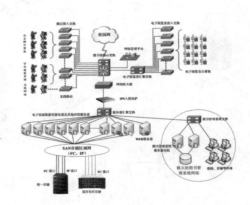

①组网费用低：这样的结构根本不需要另外的互联设备，它是直接通过一条总线进行连接，所以组

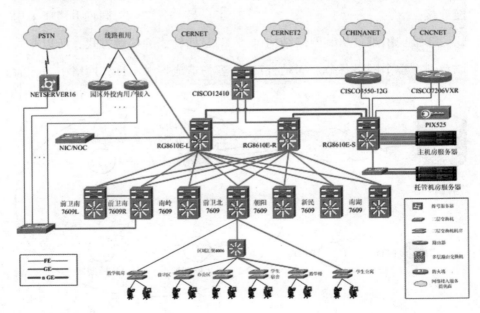

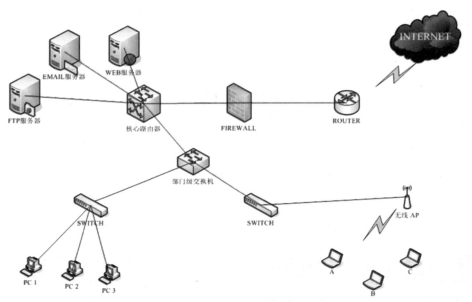

网费用较低；这种网络因为各节点是共用总线宽带的，所以在传输速度上会随着接入网络的用户的增多而下降。

②网络用户扩展较灵活：需要扩展用户时只需要添加一个接线器即可，但所能连接的用户数量有限。

③维护较容易：单个节点失效不影响整个网络的正常通信。但是如果总线一断，则整个网络或者相应主干网段就断了。

这种网络拓扑结构的缺点是：一次仅能一个端用户发送数据，其他端用户必须等待到获得发送权。

（4）混合型拓扑结构

这种网络拓扑结构是由前面所讲的星型结构和总线型结构的网络结合在一起形成的网络结构，这样的拓扑结构更能满足较大网络的拓展要求，解决星型网络在传输距离上的局限，同时又解决了总线型网络在连接用户数量上的限制。这种网络拓扑结构同时兼顾了星型网络与总线型网络的优点，在缺点方面得到了一定的弥补。

城域网

城域网简称MAN，基本上一种大型的LAN，在实用技术方面通常与LAN相似。将MAN单独列出的一个主要原因是已经有了一个

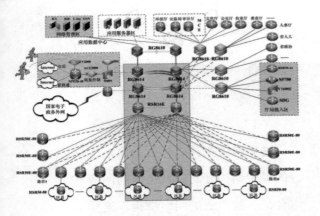

标准：分布式队列双总线DQDB即IEEE802.6。DQDB是由双总线构成，所有的计算机都连结在上面。

宽带城域网实际上就是指在城市范围内，以IP和ATM电信技术为基础，以光纤作为传输媒介，集数据、语音、视频服务于一体的高带

宽、多功能、多业务接入的的多媒体通信网络。

宽带城域网可以满足政府机构、金融保险、大中小学校、公司企业等单位对高速率、高质量数据通信业务日益旺盛的需求，特别是快速发展起来的互联网用户群对宽带高速上网的需求。

在目前电信网中，传送网有两个用途：一是作为业务承载网的

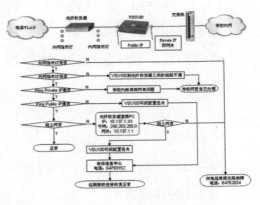

节点设备提供连接专线。从本质上

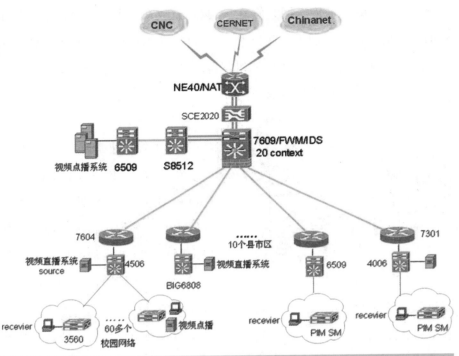

讲传送网无需建全程网，为了能有效地提供长途专线（国际、国内和本地），可以构建若干个网，在管理系统的支持下，用配置的方式向业务承载层提供可靠的连接专线。二是传送网负责对汇聚的业务信息（元）群路进行交换或路由。在这种场合下，传送网是需要成网的（但仍然不需要有全程网），它可以对主干业务信息（元）群路进行交换或路由，或对本地（城域）业务信息（元）群路进行交换或路由。

对于城域传送网来说，它的主要作用是为承载网提供可靠的数据专线。目前城域传送网常用的技术主要有：光纤、WDM（包括CWDM，DWDM）、SDH、RPR。很显然，以上这些技术主要用于提供数据专线，属于典型的城域传送网。

MSTP以及GFT则是另外两种

技术。MSTP最初是传送网，它在SDH技术的基础上增加了一些技术措施，可以同时提供TDM专线和分组专线。目前MSTP在向承载网

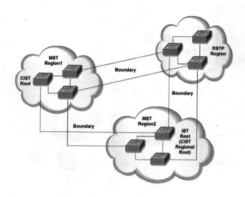

发展，将愈来愈多的承载网内容加在MSTP的节点设备中。从逻辑层面来看，SDH与GFP属于传送层，以太网交换属于业务承载层，目前MSTP将逻辑上独立的两层设备，

物理上放在一个节点设备中。除此之外，业内还最新提出了一种通用帧传送（GFT）的技术思路。

◇ 城域网的特点

（1）传输速率高

宽带城域网采用大容量的Packet Over SDH传输技术，为高速路由和交换提供传输保障。千兆以太网技术在宽带城域网中的广泛应用，使骨干路由器的端口能高速有效地扩展到分布层交换机上。光纤、网线到用户桌面，使数据传输速度达到100兆、1000兆。

（2）用户投入少，接入简单

宽带城域网用户端设备便宜而且普

及，可以使用路由器、HUB甚至普通的网卡。用户只需将光纤、网线进行适当连接，并简单配置用户网卡或路由器的相关参数即可接入宽带城域网。个人用户只要在自己的电脑上安装一块以太网卡，将宽带城域网的接口插入网卡就联网了。安装过程和以前的电话一样，唯一不同的是网线代替了电话线，电脑代替了电话机。

（3）技术先进、安全

城域网在技术上为用户提供了高度安全的服务保障。宽带城域网在网络中提供了第二层的VLAN隔离，使安全性得到保障。由于VLAN的安全性，只有在用户局域网内的计算机才能互相访问，非用户局域网内的计算机都无法通过非正常途径访问用户的计算机。如果

要从网外访问，则必须通过正常的路由和安全体系，因此黑客若想利用底层的漏洞进行破坏是不可能的。虚拟拨号的普通用户通过宽带接入服务器上网，要经过账号

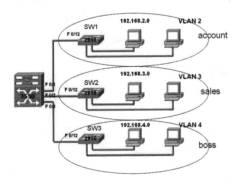

和密码的验证才可以上网，用户还可以非常方便地自行控制上网时间和地点。

◇ 城域网的主要用途及适用范围

（1）高速上网

城域网利用宽带IP网频带宽、

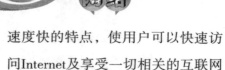

速度快的特点，使用户可以快速访问Internet及享受一切相关的互联网服务（包括WWW、电子邮件、新闻组、BBS、互联网导航、信息搜

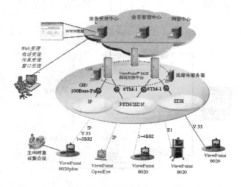

索、远程文件传送等），端口速度达到10M以上。

跨越时间和空间的约束，在网上实现无限频道的电视收视。用户可以通过WEB浏览器的方式直接从网上收看电视节目，克服了现有电视频道受地区及气候等多种因素约束的弊病，而且有利于进行一种新型交互式电视剧种"网络电视剧"的制作和播放。

（3）远程医疗

城域网采用先进的数字处理技术和宽带通信技术，医务人员可为远在几百千米或几千千米之外的病人进行诊断和治疗。远程医疗是随

（2）网络电视

城域网突破传统的电视模式，

着宽带多媒体通信的兴起而发展起来的一种新的医疗手段。

（4）互动游戏

"互动游戏网"可以让您享受到Internet网上游戏和局域网游戏相结合的全新游戏体验。通过宽带网，即使是相隔100千米的同城网友，也可以不计流量地相约玩三维联网游戏。

（5）远程会议

利用城域网，人们异地开会不用出差，也不用出门。在高速信息网络上的视频会议系统中，"天涯若比邻"的感觉得到了最完美的诠释。

（6）远程教育

城域网从根本上克服了基于电视技术的单向广播式、基于WEB网页的文本查询式和基于昂贵得无法进入家庭的会议电视等三种方式的缺陷，运用宽带网最新产品和技术，将图、文、声等多媒体信息，以交互的方式进入普通家庭、学校和企事业单位，学生可通过宽带网在家收看教学节目并可与老师实时交互；可上Internet查资料，以Email电子邮件等方式布置作业、交作业，解答提问等；缺课可检索课程数据库，以VOD方式播放老师讲课录像等。

（7）VOD视频点播

城域网可以让你坐在家里利用

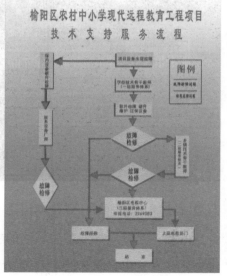

WEB浏览器随心所欲地点播自己爱看的节目，包括电影精品、流行的

电视剧集，还有视频新闻、体育节目、戏曲歌舞、MTV、卡拉OK等。

（8）远程监控

远程监控是对远程的系统或其他东西进行监控，授权用户通过WEB自由进行镜头的转动、调焦等操作，实现实时的监控管理功能。监控系统采用数字监控方式，数字

通过城域网，用户可在家里交互式地进行证券大户形式的网上炒股，不但可以实时查阅深、沪股市行情，获取全面及时的金融信息，还可以通过多种分析工具进行即时分析，并可进行网上实时下单交易，参考专家股评。

宽带业务还可为广大用户提供

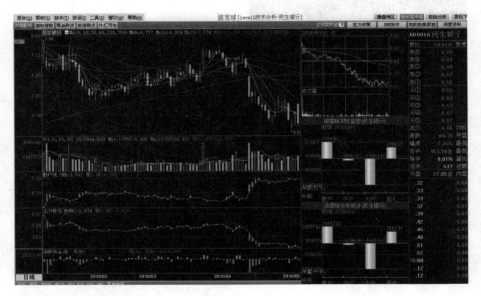

监控方式能很好地与计算机网络结合在一起，充分发挥宽带城域网的带宽优势。这也是未来监控系统发展的流行趋势。

（9）家庭证券交易系统

Internet信息浏览、网上游戏、信息查询、收发电子邮件、视音频点播、多媒体网上教育等多项服务。

广 域 网

广域网也可以称为远程网。广域网通常跨接很大的物理范围，

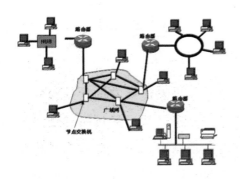

所覆盖的范围从几十千米到几千千米，能连接多个城市或国家，或横跨几个洲并能提供远距离通信，形成国际性的远程网络。广域网的通信子网主要使用分组交换技术。广域网的通信子网可以利用公用分组交换网、卫星通信网和无线分组交换网，它将分布在不同地区的局域网或计算机系统互连起来，最终达到资源共享的目的。

◇ 广域网的特点

广域网的特点主要有：适应综合业务服务的要求；开放的设备接口与规范化的协议；适应大容量与突发性通信的要求；完善的通信服务与网络管理。

通常广域网的数据传输速率比局域网低，而信号的传播延迟却比局域网大得多。广域网的典型速率是从56kbps到155Mbps，现在已有

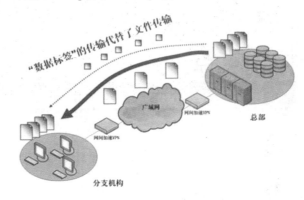

622Mbps、2.4 Gbps甚至更高速率的广域网；传播延迟可从几毫秒到

几百毫秒（使用卫星信道时）。

◇ 广域网的结构

广域网是由许多交换机组成的，交换机之间采用点到点的线路连接，几乎所有的点到点的通信方式都可以用来建立广域网，包括租用光纤、微波、线路、卫星通道等。而广域网交换机实际上就是一台计算机，有处理器和输入/输出设备进行数据包的收发处理。

广域网一般最多只包含OSI参

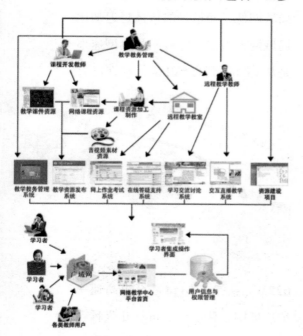

考模型的底下三层，而且目前大部分广域网都采用存储转发方式进行数据交换，即广域网是基于报文交换或分组交换技术的（传统的公用电话交换网除外）。广域网中的交

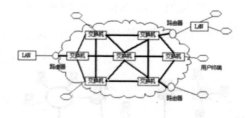

换机先将发送给它的数据包完整接收下来，然后经过路径选择找出一条输出线路，最后交换机将接收到的数据包发送到该线路上去，以此类推，直到将数据包发送到目的结点。

广域网可以提供面向连接和无连接两种服务模式。对应于两种服务模式，广域网有两种组网方式：虚电路方式和数据报方式。

（1）虚电路方式

采用虚电路方式的广域网，在源结点与目的结点进行通信之前，首先必须建立一条从源结点到目的

结点的虚电路（即逻辑连接），然后通过该虚电路进行数据传送，最

使用的虚电路号作为该虚电路的标识，同时在该机器的虚电路表中填上一项。由于每台机器（包括交换机）独立选择虚电路号，所以虚电路号仅仅具有局部意义，也就是说报文在通过虚电路传送的过程中，报文头中的虚电路号会发

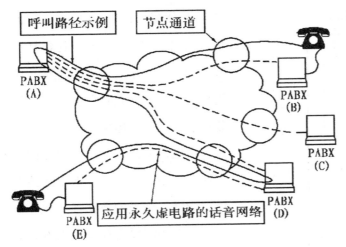

后当数据传输结束时，释放该虚电路。在虚电路方式中，每个交换机都维持一个虚电路表，用于记录经过该交换机的所有虚电路的情况，每条虚电路占据其中的一项。在虚电路方式中，其数据报文在其报头中除了序号、校验以及其他字段外，还必须包含一个虚电路号。

在虚电路方式中，当某台机器试图与另一台机器建立一条虚电路时，首先选择本机还未

生变化。一旦源结点与目的结点建立了一条虚电路，这就表示在所有交换机的虚电路表上都登记有该条虚电路的信息。当两台建立了虚电路的机器相互通信时，可以根据数据报文中的虚电路号，通过查找交换机的虚电路表而得到它的输出线路，进而将数据传送到目的端。

当数据传输结束时，必须释放所占用的虚电路表空间，具体做法

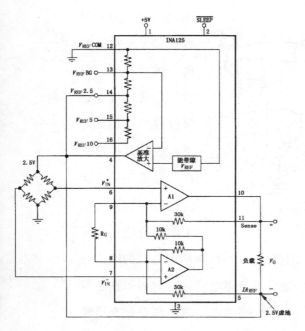

是由任一方发送一个撤除虚电路的报文，清除沿途交换机虚电路表中的相关项。

　　虚电路技术的主要特点是，在数据传送以前必须在源端和目的端之间建立一条虚电路。

　　值得注意的是，虚电路的概念不同于前面电路交换技术中电

路的概念。后者对应着一条实实在在的物理线路，该线路的带宽是预先分配好的，是通信双方的物理连接。而虚电路的概念是指通信双方建立了一条逻辑连接，该连接的物理含义是指明收发双方的数据通信应按虚电路指示的路径进行。虚电路的建立并不表明通信双方拥有一条专用通路，即不能独占信道带宽，到来的数据报文在每个交换机上仍需要缓存，并在线路上进行输出排队。

　　（2）数据报方式

　　广域网的另一种组网方式是数据报方式，交换机不必登记每条打

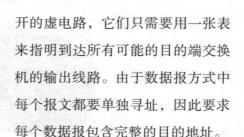

开的虚电路，它们只需要用一张表来指明到达所有可能的目的端交换机的输出线路。由于数据报方式中每个报文都要单独寻址，因此要求每个数据报包含完整的目的地址。

虚电路方式与数据报方式之间的最大差别在于：虚电路方式为每一对结点之间的通信预先建立一条虚电路，后续的数据通信沿着建立好的虚电路进行，交换机不必为每个报文进行路由选择；而在数据报方式中，每一个

交换机为每一个进入的报文进行一次路由选择，也就是说，每个报文的路由选择独立于其他报文。广域

网是采用虚电路方式还是数据报方式，涉及到的因素比较多。

在广域网内部，虚电路和数据报之间有好几个需要权衡的因素。一个因素是交换机的内存空间与线路带宽的权衡。虚电路方式允许数据报文只含位数较少的虚电路号，而并不需要完整的目的地址，从而节省交换机输入输出线路的带宽。虚电路方式的代价是在交换机中占用内存空间用于存放虚电路表，而同时交换机仍然要保存路由表。

另一个因素是虚电路建立时间和路由选择时间的比较。在虚电路方式中，虚电路的建立需要一定的时间，这个时间主要是用于各个交换机寻找输出线路和填写虚电路表，而在数据传输过程中，报文的路由选

择却比较简单，仅需查找虚电路表即可。数据报方式不需要连接建立过程，每一个报文的路由选

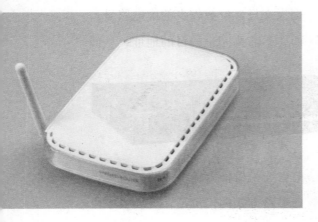

择单独进行。

虚电路还可以进行拥塞避免，原因是虚电路方式在建立虚电路时已经对资源进行了预先分配（如缓冲区）。而数据报广域网要实现拥塞控制就比较困难，原因是数据报广域网中的交换机不存储广域网状态。

广域网内

部使用虚电路方式还是数据报方式正是对应于广域网提供给用户的服务。虚电路方式提供的是面向连接的服务；而数据报方式提供的是无连接的服务。不同的集团支持不同的观点，20世纪70年代发生的"虚电路"派和"数据报"派的激烈争论就说明了这一点。

当时，一部分支持虚电路方式的人认为，网络本身必须解决差错和拥塞控制问题，提供给用户完善的传输功能。而虚电路方式在这方面做得比较好，虚电路的差错控制是通过在相邻交换机之间"局部"控制来实现的。也就是说，每个交

换机发出一个报文后要启动定时器，如果在定时器超时之前没有收到下一个交换机的确认，它就必须重发数据。而拥塞避免是通过定期接收下一站交换机的"允许发送"

的做法是多余的，也就是说，即便是最好的网络也不要完全相信它。可靠性控制最终要通过用户来实现，利用用户之间的确认机制去保证数据传输的正确性和完整性，这

信号来实现的。这种在相邻交换机之间进行差错和拥塞控制的机制通常叫做"跳到跳"控制。

　　而另一部分支持数据报方式的人认为，网络最终能实现什么功能应由用户自己来决定，试图通过在网络内部进行控制来增强网络功能

就是所谓的"端到端"控制。

　　以前支持相邻交换机之间实现"局部"控制的唯一理由是，传输差错可以迅速得到纠正。然而现在网络的传输介质误码率非常低，例如微波介质的误码率通常少于10^{-7}，而光纤介质的误码

率通常低于10^{-9}，因传输差错而造成报文丢失的概率极小，可见"端到端"的数据重传对网络性能影响不大。既然用户总是要进行"端到端"的确认以保证数据传输的正确性，如果再由网络进行"跳到跳"的确认只能是增加网络开销，尤其是增加网络的传输延迟。与偶尔的"端到端"数据重传相比，频繁的"跳到跳"数据重传将消耗更多的网络资源。实际上，采用不合适的"跳到跳"过程只会增加交换机的负担，而不会增加网络的服务质量。

由于在虚电路方式中，交换机保存了所有虚电路的信息，因而虚电路方式在一定程度上可以进行拥塞控制。但如果交换机出现故障

且丢失了所有路由信息，则将导致经过该交换机的所有虚电路停止工作。与此相比，在数据报广域网中，由于交换机不存储网络路由信息，交换机的故障只会影响到目前

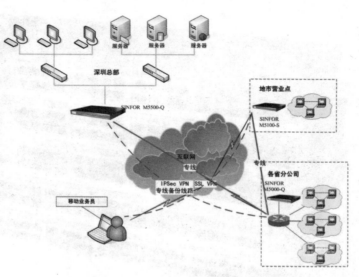

在该交换机排队等待传输的报文。由此看来，数据报广域网比虚电路方式更强壮些。

总之，无论在性能、现状以及实现的简单性方面来说，数据报广域网都优于虚电路方式。基于数据报方式的广域网将得到更大的发展。

网络媒体

网络媒体实际上就是由一定的组织或个人，在以计算机为核心的各种多媒体交互式数字化信息传输网络上，建立的提供各种新闻与信息服务的相对独立的站点。从传播式来传播新闻信息的一种数字化、多媒体的传播媒介，主要功能是通过互联网进行新闻信息传播。

网络媒体是基于特定产品的概念诉求与问题分析，对消费者进行针对性心理引导的一种文字模式，从本质上来说，它是企业软性渗透的商业策略在广告形式上的实现，通常借助文字表达与舆论传播使消费者认同某种概念、观点

角度讲，"网络媒体"也可以称作"互联网媒体""第四媒体"，就是借助国际互联网这个信息平台，以电脑、电视机以及移动电话等作为终端，以文字、声音、图像等形和分析思路，从而达到企业品牌宣传、产品销售的目的。在传统媒体行业，网络媒体营销之所以备受推崇，第一大原因就是各种网络媒体抢占眼球竞争激烈，人们对电视、

报纸的硬广告关注度下降，广告的实际效果不再明显。第二大原因就是网络媒体的收费比硬广告要低得多，在资金不是很雄厚的情况下，网络媒体的投入产出比较科学合理。所以企业从各个角度出发愿意以网络媒体试水，以便使市场快速启动，达到宣传品牌的效应。

网络媒体炒作是生命力最强的一种广告形式，也是很有技巧性的广告形式。网络媒体是相对于硬性广告而言的，由企业

的市场策划人员或广告公司的文案人员来负责撰写的"文字广告"。与硬广告相比，网络媒体营销又称

新闻媒体营销，其精妙之处就在于一个"软"字，好似绵里藏针，收而不露，克敌于无形。它追求的是一种春风化雨、润物无声的传播效果。如果把硬广告比喻为外家的少林工夫，那么，网络媒体营销则是绵里藏针、以柔克刚的武当拳法，软硬兼施、内外兼修，才是最有力的营销手段。

中国网络媒体论坛自2001年创办以来，已经成为业界一年一度的高端研讨会。该论坛的开设是与中国网络媒体发展紧密相连的。论坛的主旨展现在两个方面：一是强调网络媒体的社会责任，保证网上舆论的正确导向；二是探讨互联网传播规律，探索网络媒体可持续发

展之道。每一届论坛对提升中国网络媒体的整体水平发挥了重要的作用，其主题都有很强的现实意义。

中国网络媒体经过十几年的发

计划单列市城市）新闻网站。大量的综合新闻网站和媒体网站构成了规模可观的网络新闻传播矩阵。

◇ 网络媒体的特点

互联网被称为继报纸、电视、广播三大传统媒体之后的"第四媒体"。基于互联网的网络媒体集三大传统媒体的诸多优势为一体，是跨媒体的数字化媒体。网络媒体新闻传播除具有三大传统媒体新闻传播的"共性"特点之外，还具有鲜明的"个性"特点，主要有：

（1）时效性

即时性是网络新闻

展，尤其是自2000年后的快速发展，已经形成完整的布局和体系。从中央到地方布局看，有三个梯次：中央重点新闻网站、省级重点新闻网站和中心城市（省会城市和

传播时效性强的形象表述。与传统媒体新闻相比，网络的时效性是有目共睹的，网络新闻的更新发布是以分钟甚至秒来计算的，而新闻的一大重要特点就是需要时效性强。因此，

网络新闻的时效性远胜过传统媒体

新闻，这一点在报道突发性事件上尤为见长。如台湾大选选举结果、伊拉克对美国和韩国人质的斩首公布等，都是通过网络新闻

率先播报的。

20世纪末，网络媒体对突发事件的报道，就不断创造了发稿时效第一的记录。如：1999年5月8日清晨5点50分（北京时间），中国驻南斯拉夫大使馆遭到以美国为首的北约的导弹袭击。国内新闻网站中第一个对此作出反应的是人民网。该网站9点25分发布了使馆被炸的第一篇报道；11点55分发布电话采访人民日报驻南斯拉夫记者吕岩松的现场目击，报道光明日报记者许杏虎、朱颖已殉职。而中央电视台是在12点的《新闻30分》中加以报道，新华社在午后才向新闻媒体发稿。

近几年来，滚动快讯让网络新闻传播的时效性进一步体现。随着网络图文直播、音频直播和视频直播的出现，网络新闻的即时性日臻完美。网络媒体为凸现新闻时效性，对突发事件的报道有时甚至将新闻电头的时间精确到分钟。即使是日常新闻报道，新闻内容页面一般都标注了精确到秒的发布时间，一些新闻列表的每个标题后也标注了发布时间。这些都显示了网络媒体的及时性。

（2）海量性

网络媒体还具有海量性的特点。网络媒体可实行全天24小时发稿，人民网、新华网等新闻网站和新浪网、搜狐网等门户网站实行

篇幅）远远大于传统媒体，如新浪网仅新闻频道首页的新闻链接总量

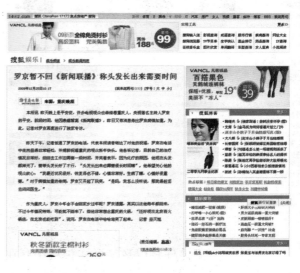

就高达800多条，各栏目还源源不断地滚动播出新闻，发稿量可见一斑。点击打开任何一条网络新闻网页，呈现给读者的除该新闻的内容之外，还有关键词、相关新闻和新闻专题等链接，广为集纳追踪报道和相关信息，全面报道事件始末，极大地丰富了新闻外延和背景资料，让读者充分享受新闻盛宴。除非人为清理或服务器在没有备份的

全天候发稿已有近10年时间。网络媒体的每日发稿量（包括条数和

情况下遭到破坏，理论上网络媒体

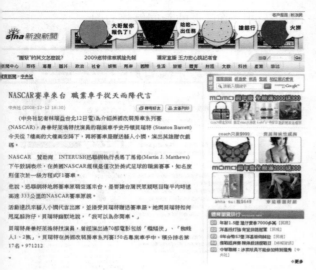

所发稿件将以数字形式长期保存在资料存储容量巨大的服务器上。在这种意义上，网络媒体简直就是一个浩瀚的新闻数据库。

网络容量之大，任何其他媒介都无可企及，对于网络新闻而言，其在空间能力上最突出的特征就是信息贮存与转运的能

力。网络新闻采用的超链接方式使网络新闻的内容在理论上具有无限的扩展性与丰富性。就像刚刚取得圆满成功的神七载人航天这一重大事件，只要我们点开其中的一条网络新闻，就可以看到连接的各种最新消息、神七在各个飞行时段的状态、太空漫步的视频资料、国际社会的反映、我国航天事业下一步计划等相关新闻，使受众不仅对神七所肩负的任务有了认识，也使他们对我国航天事业的发展有了全面的了解。

网络媒体新闻传播的海量性，还体现在其具有强大的检索功能及

易复制、易存储等特点上。谷歌、百度等专业搜索引擎及一些网站自有的检索工具，使网上查找新闻变得十分便捷。读者可以通过拷贝粘贴、下载、收藏、打印网页等方式复制、存储所需资料。

（3）全球性

网络新闻的发行是全球性的，其受众可能遍及四海。"虚拟空间"并无所谓"领域疆界"，因为在互联网上信息传输速度和成本与所在的物理位置几乎毫无关联。这使得网络新闻可以在几乎任何地点间传送发行，比如一家市县报上网后，其网络新闻会拥有不少关心该地区情况的省外、国外读者。网络

新闻全球化的特征，有利于地方性媒体和全国性媒体的公平竞争，有助于改变中国在国际传媒界中声音微弱的现象。

网络媒体的传播范围远远大于

报纸、广播和电视，是全球性的。"网络传播无国界"，网络传播空间理论上没有国家和地区的限制。任何一个国家或地区，如果不采取特别的技术措施对境内外个别有害网站实施封锁（事实上通过代理服务器可突破封锁），世界上任何一个网站登载的内容都有可能供全球网民访

问、浏览和下载。同样，世界上任何一个具备上网条件的地方，均可

轻松浏览全球网站。1998年，美国独立检察官斯塔尔的"克林顿性丑闻"调查报告首先通过互联网公诸于世，著名网站Yahoo！、AOL等以最快时间转载，长达4个多小时的克林顿供证录像视频在互联网上随后播出，斯塔尔报告的主要内容通过电子邮件广为传播，这一案例

成为世界新闻传播史上史无前例的"第一次"。网络媒体新闻传播的全球性，在使一些网络媒体"走出国门"的同时，也使一些目标受众为特定语种读者的网络媒体提升了全球影响力，如香港的星岛环球网、新加坡联合早报网等中文网站纷纷跃入了全球华人的视野范围。

（4）互动性

网络媒体新闻传播是媒体与受众、受众之间的多向性、互动性传播。互动性又称交互性，包含"一对一、一对多、多对一、多对多"的传播方式，体现了大众传播和人

际传播相结合的传播方式，是网络

媒体的特性和优势。网络论坛、讨论区、留言板、聊天室、电子邮件、ICQ及MSN等即时通讯软件等，吸引着大量网民积极参与传播信息、评论新闻、讨论新闻话题等活动，极大地提高了网络新闻传播的社会影响力。1999年5月9日，人民网开通"强烈抗议北约暴行BBS论坛"，不久改版为"强国论坛"，截至目前，已有482 004人注册为该论坛用户，同时在线浏览人数最高达到209 211人。近年来，网络论坛在"刘涌案""孙志刚事件""宝马撞人案"以及"虐猫女事件"等几起社会新闻事件上，发出了强大的声音，产生了巨大的社会影响。

（5）多媒体性

网络所拥有的一大特性是多媒体性，它使网络媒体有能力在技术上实现多媒体传播。网络传播的多媒体性是指互联网络运用数字技术，兼容报纸、广播和电视多种媒体的传播手

段，全面刺激受众的多种感官。网络传播采取文字、图片、音频、视频、FLASH动画等多种形式，丰富了报道手段，使新闻更为直观、形

体集文本、声音、图像等传播形式于一体，这就打破了传统媒体之间的界限，使网络媒体成为一个整体的概念，不再有现实生活中传统媒体三足鼎立的势力划分。

（6）新媒体特性

网络媒体既具有大众传播的优势，又兼具小（窄）众化、分众化传播的特点。

象、生动，增加了新闻的现场感和冲击力。由于传统媒体只能实现单媒体传播，受众选择了什么媒体，就只能选择这个媒体所具有的传播方式，所以报纸、电视和广

它正通过强大的信息技术把不同的媒体形态融合，体现了媒体变革最

播一直处于一种"三分天下"的格局之中，彼此不能涵盖，而网络媒

明显的特征。近年来，在互联网融合报纸运作模式下，产生了网络报

纸。随着网络流媒体技术的发展，互联网融合电台技术产生了网络电台，融合电视技术产生了网络电视台，融合移动通讯技术产生了网络/手机短信、手机网站，变革编辑理念和模式产生了博客，基于互联网的新媒体层出不穷，异彩纷呈。根据香港互联网交易中心的纪录显示，2006年世界杯赛事期间，网上流量最高是午夜，到约凌晨五点流量便急剧下降，粗略估计，每晚约有三、四万部计算机上网看世界杯。湖南卫视节目《超级女声》连续两年不停地以P2P技术直播，上海文化广播影视管理局传媒除了IPTV外，也广泛使用P2P技术。

（7）自由性

在网络传播中，用户的主体地位得到了充分体现，用户可随时依据自己的兴趣和需要，去检索、查寻和浏览各种信息，用户有选择和控制传播结果的主动性。另外，在网络传播中，通过网上评论、电子公告牌、电子邮件、论坛、博客、播客、MSN、QQ等多种形式进行交流和对话，用户既可以利用网络公开发布信息，也可以利用网络广泛交流意见从而参与到新闻传播过程中来。

除了上述特点以外，网络媒体

新闻传播也存在一些缺陷，如：抄袭复制现象严重、容易侵犯知识产权、信息垃圾泛滥、带宽瓶颈制约、公信力不高等，其品质还有很大的提升空间。

◇ 网络媒体的发展趋势

2008年7月，第11次中国互联网络发展状况统计报告显示，中国网民数量达到2.53亿，网民规模跃居世界第1位。网民的总数占据全国总人数的19.5%；宽带网民数已达到2.14亿人，占总网民的84.7%。另根据信息产业部的统计数据，截至2008年8月，中国固定电话用户数量已经达到了3.54亿，移动电话用户达到6.16亿。

（1）网络媒体迈向Web 3.0时代

根据创新与普及理论，新事物的普及一旦超过20%即表示其已经由新事物成为主流。在中国，网

民的总数已经达到19.5%。网络的发展已经明显表现出主流应用的特点，正深入到中国人民生活的各个部分。网络媒体是理想的新闻传播

网民像看电视那样顺畅地欣赏新闻、影视剧和其他娱乐节目；电子商务应用逐渐成熟，越来越多的人进行网络购物。

工具，因为网络传播具有数字化、全球化、即时性、互动性、自由开放型、信息海量等优势。

2004年，Web2.0的概念被提出，并日益兴旺。网友创造内容，相互问答，也加速了知识文化的传播进程；网络形成政治、文化的"公共领域"，网络开放和自由的特性，使得网络成为公民意见表达和沟通互动的平台；网络视频能让

Web2.0特别强调用户创造内容。网民不仅成为了信息的制造者、发布者，同时也是舆论形成不可分割的一部分。Web2.0促进了网络媒体的娱乐化。CNNIC2005年7月发布的调查报告是一个分水岭。其数据表明，就网民上网目的来看，获取

信息第1次由第1位降低为第2位（37.8%）；为休闲娱乐（包括网络游戏、在线点播等）而上网的人首次上升为第1位（37.9%），应证了大众化在2002年做出的网络媒体娱乐化的预测。

分析网络媒体娱乐化的原因，主要原因在于网民结构的大众化。网络已经由"精英"（年轻富有的高学历男性群体）的"专利"转化为大众化媒体，网民结构呈现出大众化趋势。从社会心理学的角度分析，"大众"与"精英"相比，更喜爱娱乐信息。网民结构的大众化

造成了网络媒体的娱乐化趋势。娱乐化阶段的标志之一是以娱乐为导向的腾讯网超越了以新闻集成为特征的新浪网，成为中国访问量最高的门户网站。此外，网络视频、博客等Web2.0应用，以及网络游戏的发展，也加速了网络媒体的娱乐化。

目前，互联网的发展出现了视频化发展趋势。搜索引擎、门户网站、新闻网站、社交网站与视频网站正在构成网络媒体的主流。互

联网正在向Web3.0时代迈进。

Web3.0的特征主要有：

①继承Web2.0的所有特性，尤其是以用户为中心，用户创造内容。

②帮助用户实现他们的劳动价值，Web3.0将具备更清晰可行的盈利模式。

③网站内的信息可以直接和其他网站相关信息进行互通互动，能

通过第三方信息平台同时对多家网站的信息进行整合使用。用户在互联网上拥有自己的数据，并能在不同网站上使用。Web3.0使所有网民不再受到现有资源积累的限制。

（2）手机媒体将成为新媒体的主要成员

①中国电信格局重组，将带来手机上网热潮。2008年中国电信业第三次重组，中国移动、中国联通、中国电信均成为全业务运营商。三足鼎立的竞争将为用户带来更多的选择，资费的下降将使更多人获得实惠。

②手机宽带上网——3G会成主流。中国互联网中心的数据显示，截至2008年6月底，中国网民中的28.9%在过去半年曾经使用手机上过网，手机网民规模达到7305万人。手机上网成为网络接入的一个重要发展方向。中国手机庞大的用户量，3G的即将到来，都将孕育着中国移动互联网市场巨大的发展机会。

目前全球共有33亿人使用手机，中国手机用户数呈现出指数增长。如果说过去的10多年中，互联网改变了社会，那么今后10年，手机也会改变世界。手机正在整合众媒体，手机媒体正在重复十年前互联网走过的道路。

第二章

网络的用途

　　进入21世纪，人类的生活已经离不开网络的帮助。随着世界交往的日益频繁，网络在人类生活中的作用表现得越来越显著，网络的用途也正在以非常快的速度向广泛性发展。

　　网络有着十分重要的用途，它在人类的生活中起到了举足轻重的作用。就目前而言，网络的用途包括：网络电话、网络购物、网络就医、网络交友、网络新闻、网络投诉、网络游戏等。所有的这些网络用途正在为人类之间的沟通打开一扇方便之门，使人类足不出户就可以轻而易举地完成自己想要做好的事情，这充分体现了网络便捷、快速、省时、省事的特点。

　　没有做不到，只有想不到，相信随着人们生活的需要，网络的用途还将会扩展化、延伸化，网络时代还将在人类的历史舞台上继续大放光彩。

网络电话

网络电话又称为VOIP电话，是通过互联网直接拨打对方的固定电话和手机，包括国内长途和国

际长途，而且资费比用传统电话拨打便宜5到10倍。宏观上讲网络电话可以分为软件电话和硬件电话。软件电话就是在电脑上下载软件，然后购买网络电话卡，然后通过耳麦实现和对方（固话或手机）进行通话；硬件电话比较适合公司、话吧等使用，它首先需要一个语音网关，网关一边接到路由器上，另一

边接到普通的话机上，然后普通话机即可直接通过网络自由呼出了。

网络电话系统软件运用独特的编程技术，具有强大的IP寻址功能，可穿透一切私网和层层防火墙。无论您是在公司的局域网内，还是在学校或网吧的防火墙背后，均可使用网络电话，实现电脑与电

脑的自如交流。无论身处何地，双方通话时完全免费。也可通过电脑拨打全国的固定电话、小灵通和手机，和平时打电话完全一样，只需输入对方区号和电话号码即可，还可享受IP电话的最低资费标准。其语音清晰、流畅程度完全超越了现有IP电话。通讯技术的进步，使得我们已经实现了固定电话拨打网络电话的进步。通话的对方电脑上已安装的在线uni电话客户端振铃声响，对方摘机，此时通话建立。

◇ 网络电话的发展历史

1995年2月，以色列VocalTec公司推出"IPhone1.0"，全球第一款Internet语音传输软件诞生。IPhone可以说是现代IP电话的雏形。

1996年7月，美国IDT公司发布Net2phone单工测试版，全球第一款可拨打电话的VOIP电话诞生。

1996年11月，美国IDT公司正式发布Net2phone全双工版。

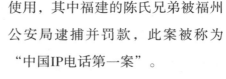

1997年2月，IDT公司宣布Net2phone通话达到2 000 000次，商业服务初步取得成功。

1997年7月，Net2phone.com.cn（创始人是一名叫做陈昱的在校大学生）开始向中国客户宣传推广

使用，其中福建的陈氏兄弟被福州公安局逮捕并罚款，此案被称为"中国IP电话第一案"。

1998年3月，天津福瑞泰科技有限公司抢先取得Net2phone中国区独家代理权，并于1999年至2001年一度垄断国内的Net2phone市场，期间Net2phone在中国发展迅速。至2001年，通过Net2phone传输的VOIP话音量超过1亿分钟。

Net2phone，成为中国最早开展此项业务的服务商。

1997年月12日，该网站发展了中国第一位Net2phone用户。当时中国的国际长途电话费为15元/分钟，客户使用后每月节约数千元。

1997年7月至8月，该站向中国各大国际贸易公司宣传、推介Net2phone。

1998年1月，该站代销售的Net2phone被一些用户转售、出租

期间（1999年）Net2phone.com.cn创始人成功汉化Net2phone9.6版，使中国人第一次使用到了中文界

面的VOIP电话，极大地推进了Net2phone的中国市场发展。而期间中国电信的长途电话费不得不一降再降，并迫于市场的压力也推出了IP电话。

2001年8月，因严重纠纷，福瑞泰公司销售的所有Net2phone电话卡被美国IDT公司宣布为无效伪卡，数以万计的中国用户直接受到损失，福瑞泰公司被美国IDT公司取消代理权。

2001至2003年，Net2phone先后与中国吉通等多家公司尝试合作，最终选择具有政府背景的中国技术创新有限公司为其中国地区总代理。

2004年到现在，新E通网络电话始建于2004年11月，由中国铁通陕西分公司跟深圳华为联合创建，整个平台投资近3000万人民币，是中国最早最稳定的运营商平台，它是国内唯一一家采用语音系统查询充值的网络电话，其话费有效期至2020年12月31日。自创建起经过一

年的测试，新E通网络电话于2005年9月份正式面向全国招商。发展至今天，新E通已经成为业界第一大品牌。其以超强的稳定性及500万在线容量的绝对优势遥遥领先于业界任何其他同类产品。

信息产业部首次部署中国电信和中国网通两大固网运营商在全国4个城市展开VOIP（网络电话）试点，其中广东深圳成为试点之一。有业内人士认为，随着测试的进行，网络电话的产业政策有望很快明朗。

◇ 网络电话的实现方式

（1）PC to PC

这种方式适合那些拥有多媒体电脑（声卡须为全双工的，配有麦克风）并且可以连上互联网的用

户，通话的前提是双方电脑中必须安装有同套网络电话软件。

这种网上点对点方式的通话，是IP电话应用的雏形，它的优点是相当方便与经济，但缺点也是显而易见的，即通话双方必须事先约定时间同时上网，而这在普通的商务领域中就显得相当麻烦，因此这种方式不能商用化或进入公众通信领域。

（2）PC to Phone

随着IP电话的优点逐步被人们认识，许多电信公司在此基础上进行了开发，从而实现了通过计算机拨打普通电话。

作为呼叫方的计算机，要求具备多媒体功能，能连接上因特网，并且要安装IP电话的软件。拨打从电脑到市话类型的电话的好处是显而易见的，即被叫方拥有一台普通电话即可。但这种方式除了付上网费和市话费用外，还必须向IP电话软件公司付费。目前这种方式主要用于拨打到国外的电话，但是这种方式仍旧十分不方便，无法满足公众随时通话的需要。

（3）Phone to Phone

这种方式即"电话拨电话"，需要IP电话系统的支持。IP电话系

统一般由三部分构成：电话、网关和网络管理者。电话是指可以通过本地电话网连到本地网关的电话终端；网关是Internet网络与电话网之间的接口，同时它还负责进行语音压缩；网络管理者负责用户注册与管理，具体包括对接入用户的身份认证、呼叫记录并有详细数据（用于计费）等。现在各电信营运商纷纷建立自己的IP网络来争夺国内市场，它们均以电话记账卡的方式实现从普通电话机到普通电话机的通话。这种方式在充分利用现有电话线路的基础上，满足了用户随时通信的需要，是一种比较理想的IP电话方式。

网络电视

网络电视又称做IPTV，它将电视机、个人电脑及手持设备作为显示终端，通过机顶盒或计算机接入宽带网络，实现数字电视、时移电

视、互动电视等服务，网络电视的出现给人们带来了一种全新的电视观看方法，它改变了以往被动的电视观看模式，实现了广大电视观众对电视按需观看、随看随停的需求。

从总体上讲，网络电视可根据终端分为三种形式，即PC平台、

TV（机顶盒）平台和手机平台（移动网络）。

通过PC机收看网络电视是当前网络电视收视的主要方式，因为互联网和计算机之间的关系最为紧密。目前已经商业化运营的系统基本上都属于此类。基于PC平台的系统解决方案和产品已经比较成熟，并

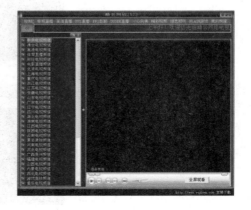

逐步形成了部分产业标准，各厂商的产品和解决方案有较好的互通性和替代性。

基于TV（机顶盒）平台的网

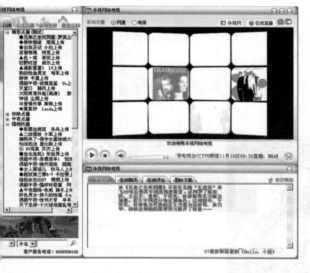

络电视以IP机顶盒为上网设备，利用电视作为显示终端。虽然电视用户大大多于PC用户，但由于电视机的分辨率低、体积大（不适宜近距离收看）等缘故，这种网络电视目前还处于推广阶段。

严格地说，手机电视是PC网络的子集和延伸，它通过移动网络传输视频内容。由于它可以随时随地收看，且用户基础巨大，所以可以自成一体。

网络电视的基本形态：视频数字化、传输IP化、播放流媒体化。网络电视作为极有发展潜力的新兴产业，其产业链已经初步形成，它的出现无疑将改变人们的生活，为人们带来全新的生活方式，同时也给运营商带来新的业务增长点。

◇ 网络电视在我国的发展情况

在我国，电信运营商发展IPTV业务的最大动力是由于收入增长上的乏力。一方面，传统的话音业务

在移动通信、VOIP等新技术新业务的冲击下开始萎缩；另一方面运营商大力发展宽带网络，却没有从中得到足够的收益，宽带的赢利方式还局限在接入费用的收取上，运营商急需寻找新的盈利手段，而借助IPTV业务，电信运营商可以增加收入，同时由于宽带接入的发展快于宽带业务的发展，用户的增长速度开始趋缓，IPTV的兴起又为电信运营商继续发展宽带创造了一个良好的机遇；第三，宽带接入的繁荣并没有带来内容服务上的繁荣，宽带网络上的业务和应用多数还停留在窄带时期，宽带用户的消费需

求远远没有满足；最后，IPTV扩展了电信业务的使用终端，这大大扩展了电信运营商的用户群体。据CNNIC2005年1月统计表明，我国上网计算机总量为4610万台，而我国电视总量预计已经超过3亿台。通过增加STB，把现有电视转化为

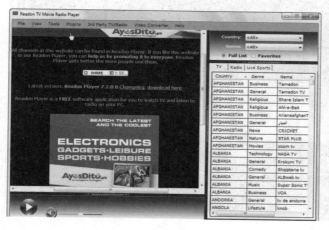

综合型信息终端，将不仅能满足不善于使用电脑的用户对个性化定制节目、互动娱乐以及高速互联网接入的业务需求，而且能解决家庭中共用计算机的冲突和不方便等问题。

作为一种基于宽带网络的交互式视频业务，IPTV为电信运营商创造了新的发展机遇。电信运营商发展IPTV能够促进宽带接入的继续发展，既满足了用户的消费需求，也增加了收入。同时

IPTV的出现也为运营商从传统电信服务商向新型综合信息服务提供商的转型创造了条件，他们可以借此建立更为稳定的竞争优势。

不过，IPTV的发展同时也面临着诸多的障碍，政策管制、网络改造、市场竞争环境等都在一定程度上制约着IPTV的发展。我国电信运营商发展IPTV首先面临着政策管制上的挑战。按照目前的管制情况，固网运营商要想在宽带上经营IPTV业务，必须获得广电总局核发的"信息网络传播视听节目许可证"以及信息产业部核发的"增值业务许可证"，双许可证的制度阻碍了电信运营商直接取得IPTV的运营资格。目前全国唯一一张信息网络传播视听节目许可证发给了上海文化广播影视管理局。电信运营商只能通过与其合作的方式开展IPTV业务。

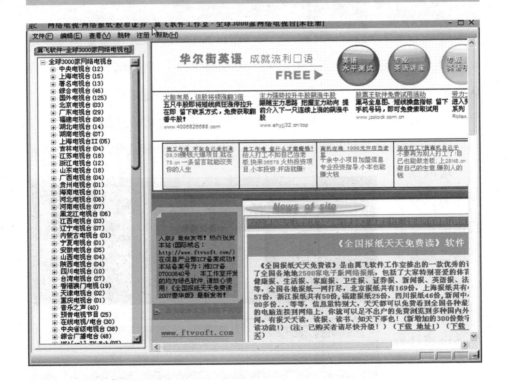

◇我国电信运营商面临的挑战

除了产业政策的问题之外，我国电信运营商开展IPTV业务还将面临着以下的挑战：

（1）网络改造和升级问题

从网络状况来看，尽管我国的宽带骨干网已经基本上建设完成，但是目前的宽带接入条件尚不能完全满足IPTV发展的需求，为了提供高质量的视频内容，对我国现有的宽带接入进行升级改造将是十分必要的，而这将需要大笔的投资。

（2）业务模式和盈利模式问题

如果缺乏好的业务模式和盈利模式，运营商的投资得不到有效回报，对运营商来说将会得不偿失。国外通行的三重服务的业务模式至少目前在我国是无法推行的，但是也可以作为电信运营商推广IPTV的一个借鉴，至少可以形成宽带和IPTV的双重捆绑服务。而探索有效的盈利模式，制定合理的业务资费都是在开展业务之初需要解决的问题。

（3）差异化服务的问题

IPTV可以提供几类不同的业务，一般而言，电视类业务如直播电视、点播电视是发展初期的主要业务，如果电信运营商提供的直播电视与现有的广电业务区别不大，

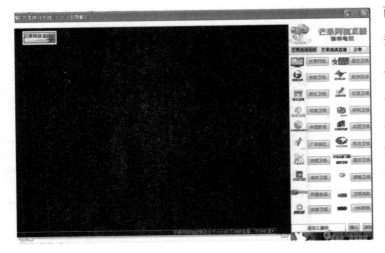

而点播业务资费又超过了用户日常购买碟片的水平，用户可能就不会选择IPTV。而在我国，对电视内容的管理非常严格，

盗版的现象又屡禁不止，因此电信运营商在部署IPTV时，如何实现与现有业务提供者之间的差异化服务

非常重要。

从2003年开始，我国的IPTV产业开始起步，产业链上各层面的设备提供商都在积极备战，与此同时，我国两大基础电信运营商中国电信和中国网通也开始进入IPTV的运营领域。2004年是电信运营商与设备厂商探讨和准备期，而进入2005年，自

上海文化广播影视管理局拿到广电总局颁发的"信息网络传播视听节目许可证"之后，中国电信和中国网通分别与上海文化广播影视管理局进行合作，开始在一些城市进行试验，推广IPTV业务。同年5月份，上海文化广播影视管理局与网通合作，以哈尔滨为试点，进行IPTV业务的商用试验。中国电信也经过了多次测试，在上海开通了IPTV的商用试验。至2005年

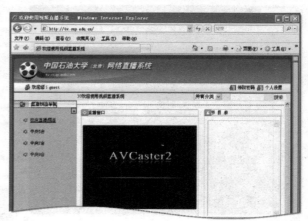

9月底，中国电信跟上海文化广播影视管理局的IPTV试点范围已经由原先17个城市扩大到了23个城市，而中国网通与上海文化广播影视管理局合作的试点城市也扩至20个左右。电信设备商也在积极备战IPTV，在10月份的通信展

管机构带来了管制上的难题。"好风凭借力，送我上青天"，在各方利益主体的驱动下，加以监管政策的放松，相信IPTV在国内将会有一个美好的发展前景。

IPTV已经在公众中形成一定的知名度，包括运营商、内容提供

中，国内多数设备制造企业均推出了IPTV的解决方案，以高姿态亮相通信展。与此同时，相关科研机构也开始了IPTV标准规范的研究和制定。

从整体看来，我国IPTV已经进入了业务导入期。IPTV的出现对现有的电信业务网络和媒体传播机制带来了很大的冲击，在带给产业链上各个参与者利益的同时，也为监

商、设备商、终端厂商在内的产业链各个环节均在积极推动IP产业的发展。尽管目前在政策层面和网络技术层面还有一定障碍，但人们仍然对IPTV的未来充满信心。经济的持续发展、世界杯、2008年北京奥运会等有利因素的刺激，使中国成为了全球IPTV的最大潜在市场。到2010年，中国的IPTV用户数已经达到了1740万。

网络硬盘

　　网络硬盘（简称网盘），是一种用户基于互联网登录网站进行信息数据上传、下载、共享等操作的信息数据存储空间，也称为网络磁盘、网络空间、网络U盘、网络优盘。免费的网络硬盘的可用空间较少，一般对文件大小、下载速度、存放时间等有限制；付费的网盘能提供大容量空间，文件大小、下载速度、存放时间及格式都不限制；另外某些论坛以合作方式与网盘商加盟，亦能获得VIP功

能。电子邮箱所提供的附件功能是最早的网络硬盘，随着空间的增大，附件功能分成网络硬盘。

　　"网络硬盘"是一种专属的存储空间，用户通过上网登录网站的方式，可方便上传、下载文件，而独特的分享、分组功能更突破了传统存储的概念。与其他同类产品相比，"网络硬盘"产品具有四级共享、分组管理、直观预览、稳定安全的四大特点。

网络硬盘是指"通过网络连接管理使用的远程硬盘空间"，可用于传输、存储和备份计算机的数据文件，方便用户管理使用。

◇ 网络硬盘的用途

（1）分享资源

利用网络硬盘，好友之间可以共享好的电影、好的音乐、好的文件等。网络硬盘还有一定的优势：可以随时随地发送，只需要上传一次，就可以根据用户的下载速度节省相应的时间。并且可以永久备份、保存文件、提取文件。当在外地出差时，网络硬盘将用户的文件存放在互联网上，方便用户"携带"他们的文件，文件类型不作限制；使用方便，安全可靠。还可以将自己喜爱的东西存放在网络硬盘中，只要有网络，无论身处何方，随时随地都可以取出来尽其所用。虽然网络硬盘上的资源是共享的，但是现在很多网络硬盘都支持对文件或者对文件夹加密，防止别人查看。

（2）论坛绑定，外链提供

很多论坛，由于都是虚拟主机，用户要在其中发文件往往受到很多限制，这个时候网络硬盘的出

现刚好弥补了这个缺陷。使用者可

以在网络硬盘里保存文件，然后把文件下载地址粘贴到论坛中去。

另外，文件如图片、音乐，更可以链接到自己的空间、博客中，解决了博客不能保存文件的缺陷。

还有很多开网店的人，一般发商品的图片都会选择相册，其实现

在网络硬盘无论是性能还是使用方便性上都不比相册差，最主要的是它不限制图片文件的大小，使用者还可以直接把商品拍摄图上传，再也不需要转换格式了。

（3）个人网站功能，2级域名

以前在做个人网站的时候，得专门去购买个人网站空间，这样不止价格贵，而且各种限制层出不穷。现在有免费的网络硬盘，给我们带来了很多便利：首先，个人网站空间和网络硬盘一样，都提供一些存储的空间，而在这一点上，网络硬盘更专业，且支持多种操作模式；其次，网络硬盘也支持ftp模式，ftp不再是个人网站空间的优

势；再者，网络硬盘同样支持2级域名；最后，新型的网络硬盘已经开始支持asp，asp.net等动态语言的运行了，甚至还支持数据库的操作，而这一切都是免费的。

◇ 网络硬盘的模式

一般市面上的网络硬盘有以下几种模式：

（1）http，activex控件模式

http，activex控件模式需要安装控件运行，此种控件因为不同的开发者而具有不同的功能，目前出现的此种控件一般具有能支持断点续传、用户文件夹显示并编辑、多文件上传、上传进度条显示等特性，适用于一般文件的传送。

（2）ftp，普通模式

要使用这种模式非常简单，只要直接在IE浏览器中输入ftp服务器的地址、相关用户名和密码登陆即可，该模式操作和windows一样，

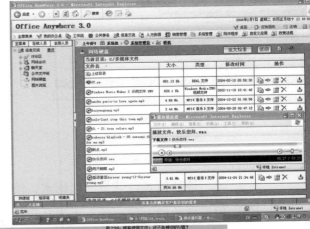

非常方便，还可以在网上邻居里发现此ftp服务器，可以创建快捷方式到桌面，非常方便。但是缺点就是不支持断点续传，适用于一般文件的传送。

（3）http，原始控件模式

该种模式也就是网页模式，使用最原始的上传控件，也就是我们看到最普遍的fileupload控件。该模式功能比较弱，只能上传单个文件，而且对于速度的检测需要经过非常复杂的程序代码实现。这种模式不支持断点续传，上传速度不是很稳定，适用于小文件传送。

（4）http，flex控件模式

此种模式同样是使用网页，只不过在网页中加载用flex制作的上传控件，该控件能实现多文件上传，可以支持上传进度条显示，界面也非常漂亮，经过代码的优化，速度非常稳定，但是它不支持断点续传，上传进度的显示也只能从客户端获取，防火墙等软件可能会影响到此控件，适用于一般文件的传送。

（5）ftp，客户端软件模式

这是基于ftp协议开发的客户端软件，该类软件有很多，比较知名的有cuteftp等。此种模式支持断点续传，速度非常稳定快速，管理文件和windows一样，支持拖拉操作，适用于任何文件的传送。

网络金融

网络金融，又称为电子金融，是指基于金融电子化建设成果在国际互联网上实现的金融活动，包括网络金融交易、网络金融机构、网络金融市场和网络金融监管等方面。

从狭义上讲，网络金融是指在国际互联网上开展的金融业务，包括网络银行、网络证券、网络保险等金融服务及相关内容。

从广义上讲，网络金融就是以网络技术为支撑，在全球范围内的所有金融活动的总称，它不仅包括狭义的内容，还包括网络金融安全、网络金融监管等诸多方面。

网络金融不同于传统的以物理形态存在的金融活动，是存在于电子空间中的金融活动，其存在形态是虚拟化的，运行方式是网络化的。它是信息技术特别是互联网技术飞速发展的产物，是适应电子商务发展需要而产生的网络时代的金融运行模式。完整的电子商务活动一般包括商务信息、资金支付和商品配送三个阶段，即分为信息流、物流和资金流三个方面。

◇ 网络金融的发展

在现代经济系统中，有三类重要的市场对经济的运行起着主导作用，这就是要素市场、产品市场和金融市场。其中，金融市场引导着整个系统的资金流向，沟通资金由盈余部门向短缺部门转移。一般所说的国际金融市场，包括货币市场、黄金市场、资本市场、外汇市场、衍生市场以及离岸市场。它是国内金融市场发展到一定阶段的产物，是与实物资产的国际转移、金融业较为发达、资本的国际流动及现代电子信息技术的高度发展相辅相成的。

回顾20世纪金融理论的发展史，50年代是一个重要的分水岭。一般认为，现代金融理论起始于50年代初马科维茨提出的投资组合理论。而在此之前已存在的金融理论体系，则被称为是古典经济学中的金融理论。1952年马科维茨提出了证券组合理论，创立了现代金融理论之开端。该理论以风险—收益理论、期权定理、有效市场理论与公司理论为四大支柱，这四大支柱共同构建了现代金融理论体系，并推进金融理论研究由定性描述向定量分析的方向发展。

20世纪60、70年代，国际金融市场发展迅速，国际金融形势出现了较大的转变。资本在国际间的流动日益频繁，70年代布雷顿森林体系崩溃，固定汇率制被浮动汇率制逐渐代替。70、80年代，各种金融创新活动层出不穷，为了防范各种衍生金融风险，各种套期保值工具日益多样化，金融机构的业务向纵深发展，对国际汇率制度的研究有所完善。有关金融工具的定价、风险估测及金融规避等问题成为研究的重点。到了80、90年代，接连爆发了西方股灾、东南亚金融危机、拉美债务危机、欧洲货币危机，有关金融体系的稳定性、危机的生成原因、防范机制、监管模式等的研究已成为经济学家们关注的焦点。

"随着1973年《布雷顿森林

体系协议》的崩溃，世界忽然变得小了"。现代国际金融制度始于第二次世界大战结束之时。战后金融制度的重新建立是从《布雷顿森林体系协议》开始的。而如今，资产证券化、金融全球化、金融自由化已成为整个金融市场的发展趋势，如新兴的离岸市场可以说是完全国际化的市场，不受任何国家法令的限制。伴随着知识经济的到来，信息、网络技术又给国际金融业的发展带来新的契机。

从电脑诞生到现在，已经过去

了半个多世纪，在这半个多世纪尤其是国际互联网快速发展以来，电脑和网络为我们的生活和工作带来了极大的方便和舒适。一个在网络上诞生的新社会系统，已经把经济和政治、文化，甚至个人的生活领域都数字化，并为人类社会开创了一种超越物理限制的新的可能性。另一方面，因这个变化而产生的社会变革，也使得混沌和冲突的现象逐渐扩大。所以简言之，一个不分组织、个人，将所有"主体"以网络直接连接起来的系统，正逐渐形成一个新的"数字化社会"，世界已经进入信息时代，以国际互联网络为基础的信息技术正在改变着我们的生活方式、工作方式和商务方式。与之相适应的，在网络与金融的交错边缘，兴起了崭新的现代金

融业。

银行业是经营货币的特殊行业，作为信用中介、支付中介和不断创造信用工具的机构，它既是最大的债权人又是最大的债务人，如果某家银行由于经营不善，产生风险，就会造成银行间运转和支付链节上的中断。为了防止"城门失火，殃及鱼池"的连锁反应影响整个金融体系，最终导致整个社会经济活动的混乱局面，加强对金融业尤其是银行业的监管，对稳定地区乃至全球经济具有极其重要的意义。从银行的自律，央行的监督，到全球性的协调管理，各种办法、法规和制度层出不穷，并正在向统一、科学和合理的方向发展。

从金融发展史的角度看，金融创新始终伴随着商业银行发展的全

过程。货币的出现、信用创新、银

行组织及业务创新、金融衍生工具的出现等，都是金融创新的结果。没有金融创新，商业银行只会在同一水平进行数量型增长和规模的简单扩张，不能实现质的飞跃。

人类进入以创新为核心的网络经济时代以后，互联网和现代信息技术带来了新的金融产品、金融制度、经营方式、金融机构等多方面的革命，金融创新进入了以网络化为基础的新阶段。积极把握互联网所带来的机遇，大力发展网上银行，实现网络化创新与发展，是现代股份制商业银行适应网络经济发展的现实选择。

◇ 网络金融的特点

网络金融以客户为中心的性质决定了它的创新性特征。为了满足客户的需求，扩大市场份额和增

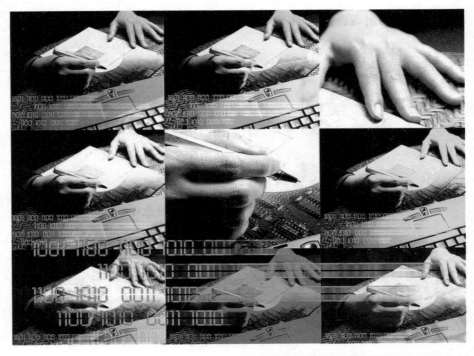

强竞争实力，网络金融必须进行业务创新。这种创新在金融业的各个领域都在发生，比如在信贷业务领域，银行利用互联网上的搜索引擎软件，为客户提供适合其个人需要的消费信贷、房屋抵押信贷、信用卡信贷、汽车消费信贷服务；在支付业务项域，新出现的电子帐单呈递支付业务，通过整合信息系统来管理各式账单（保险单据、账单、抵押单据、信用卡单据等）。在资本市场上，电子通讯网络为市场参与提供了一个可通过计算机网络直接交换信息和进行金融交易的平台，有了ECNs，买方和卖方可以通过计算机相互通讯来寻找交易的对象，从而有效地消除了经纪人和交易商等

传统的金融中介，大大降低了交易费用。

管理创新包括两个方面：一方

机构的实力去拓展业务的战略管理思想，充分重视与其他金融机构、信息技术服务商、资讯服务提供商、电子商务网站等的业务合作，达到在市场竞争中实现双赢的局面。另一方面，网络金融机构的内部管理也趋于网络化，传统商业模式下的垂直官僚式管理模式将被一种网络化的扁平的组织结构所取代。

面，金融机构放弃过去那种以单个　　　网络技术的迅猛发展，使得金

融市场本身也开始出现创新。一方面，为了满足客户全球交易的需

求和网络世界的竞争新格局，金融市场开始走向国际联合，如2000年4月英国伦敦证券交易所、德国法兰克福证券交易所宣布合并。另一方面迫于竞争压力，一些证券交易所都在制定向上市公司转变的战略，因为作为公开上市的公司，交易所将可以利用股票资金以更富有创意的方式与其他交易所、发行体、投资者及

市场参与者建立战略合伙关系和联盟。

信息技术的发展，使网络金融监管呈现自由化和国际合作两方面的特点：一方面过去分业经营和防止垄断传统金融监管政策被市场开放、业务融合和机构集团化的新模式所取代。另一方面，随着在网络上进行的跨国界金融交易量越发巨大，一国的金融监管部门已经不能完全控制本国的金融市场活动了。因此，国际间的金融监管合作就成了网络

金融时代监管的新特征。

◇ 网络金融的风险

从某种意义上来说，网络金融的兴起使得金融业变得更加脆弱，网络金融所带来的风险大致可分为两类：基于网络信息技术导致的技术风险和基于网络金融业务特征导致的经济风险。

首先，从技术风险来看，网络金融的发展使得金融业的安全程度越来越受制于信息技术和相应的安全技术的发展状况。

信息技术的发展如果难以适应金融业网络化需求的迅速膨

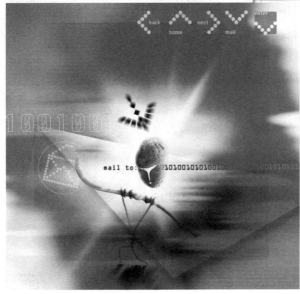

胀，网络金融的运行无法达到预想的高效率，发生运转困难、数据丢失甚至非法获取等，就会给金融业带来很大的安全隐患。

技术解决方案的选择在客观上造成了技术选择失误风险，该风险表现在两个方面：一是

所选择的技术系统与客户终端软件不兼容，这将会降低信息传输效率；二是所选择的技术方案很快被技术革新所淘汰，技术落后将带来巨大的经济损失。

其次，从经济风险来说，网络金融在两个层面加剧了金融业的潜在风险：其一，网络金融的出现推动了混业经营、金融创新和全球金融一体化的发展，在金融运行效率提高，金融行业融合程度加强的同时，实际上也加大了金融体系的脆弱性；其二，由于网络金融具有高效性、一体化的特点，因而一旦出现危机，即使只是极小的问题都很容易通过网络迅速在整个金融体系中引发连锁反应，并迅速扩散。

综上所述，网络金融的经济风险与传统金融并无本质区别，但由于网络金融是基于网络信息技术，使得网络金融拓宽了传统金融风险的内涵和表现形式：

①网络金融的技术支持系统的安全隐患成为网络金融的基础性风险。

②网络金融具有比较特殊的技术选择风险形式。

③由于网络信息传递的快捷和不受时空限制，网络金融会使传统金融风险在发生程度和作用范围上产生放大效应。

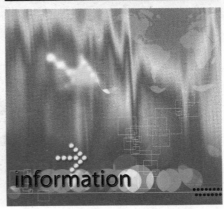

◇ 网络金融的类别

（1）网上保险

网上保险也称作保险电子商务，是指保险公司或保险中介机构利用互联网和电子商务技术来支持保险经营管理活动的经济行为。保险电子商务指保险人或保险中介人利用计算机和网络技术所形成的对组织内部的管理、对客户关系的管理以及经营业务的部分或完全电子化这样一个综合的人机系统来进行的商务活动。这种商务活动可能是与原先的传统业务相并行的或者是相融合的。

网上保险包含两个层次的含义：

①从狭义上讲，网上保险是指保险公司或新型的网上保险中介机构通过互联网为客户提供有关保险产品和服务的信息，并实现网上投保、承保等等保险业务，直接完成保险产品的销售和服务，并由银行将保费划入保险公司。

②从广义上讲，网上保险还包括保险公司内部基于Internet技术的经营管理活动，对公司员工和代理人的培训，以及保险公司之间以及保险公司与公司股东、保险监管、税务、工商管理等机构之间的信息交流活动。

网络保险的产生和发展是一种历史趋势，它代表了国际保险业的发展方向。目前国内的保险网站大致可分为两大类：第一类是保险公司的自建网站，主要推销自家险种，如平安保险的"PA18"，泰康人寿保险的"泰康在线"等；第二类是独立的第三方保险网站，是由专业的互连网服务供应商（ISP）出资成立的保险网站，不

属于任何保险公司，但也提供保险服务，如易保、网险等。很明显，

以上这两大类网站代表了中国网络保险的发展水平，当对它们的实施策略及市场运作方式进行理性、客观的研究分析后，就能深刻地把握中国网络保险的发展状况。

由于网络保险是一项巨大的社会系统工程，涉及到银行、电信等多个行业，因此这一工程的完善需要较长的时间。网络黑客的袭击使目前计算机网络系统的自身安全缺乏保障，网络保险存在不安全隐患；而由于保险当事人之间的人为因素与深刻复杂的背景及利益关系，使得在网上投诉、理赔容易滋生欺诈行为。因此，仅仅依靠网上运作还难以支撑网络保险。

与一般的电子商务的分类相似，网上保险也可以分为：

①企业对消费者的保险

企业对消费者的保险即保险公司对个人投保人或被保险人的电子商务平台，它是针对个人被保险人销售保险产品和提供服务的平台，

主要的产品包括人寿险、健康险、车辆险、家庭财产险等。

②企业对企业的保险

企业对企业的保险即保险公司对企业客户的电子商务平台，企业投保人通过互联网或各种专用商务网络向保险公司购买保险、支付保费并接受服务。涉及的产品主要包括货物运输险、小企业的责任险，对于财产险、工程险、信用险等大项目，一般只提供风险知识。

网上保险不管有多少种类型，都离不开一种基本的运行模式，即网上保险以电子商务的基本运行环境为支撑框架，以保险

公司的实质经营内容为核心，利用网络的特性来优化保险公司的经营管理。

（2）网上银行

网上银行又称网络银行、在线银行，是指银行利用Internet技术，通过Internet向客户提供开户、销户、查询、对帐、行内转帐、跨行转帐、信贷、网上证券、投资理财等传统服务项目，使客户可以足不出户就能够安全便捷地管理活期和定期存款、支票、信用卡及个人投资等。可以说，网上银行是在Internet上的虚拟银行柜台。网上银行又被称为"3A银行"，因为它不

受时间、空间限制，能够在任何时间、任何地点，以任何方式为客户提供金融服务。网上银行，包含两

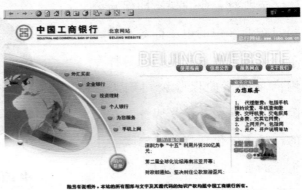

个层次的含义，一个是机构概念，指通过信息网络开办业务的银行；另一个是业务概念，指银行通过信息网络提供的金融服务，包括传统银行业务和因信息技术应用带来的新兴业务。在日常生活和工作中，我们提及网上银行，更多是第二层次的概念，即网上银行服务的概念。网上银行业务不仅仅是传统银行产品简单从网上的

转移，其他服务方式和内涵发生了一定的变化，而且由于信息技术的

应用，又产生了一些全新的业务品种。

网上银行交易手段虚拟化，实现了交易的无纸化、业务无纸化和办公无纸化。所有传统银行使用的票据和单据全面电子化，例如电子支票、电子汇票和电子收据等。在这里，不再使用纸币，而改变为电子货币，即虚拟货币。一切银行的业务文件和办公文件完全改为电子化文件、电子化票据和单据，签名也采用数字化签名。银行与客户相互之间纸面票据和各种书面文件的传送，不再以邮寄的方式进行，而是利用计算机和数据通信网传送，

利用电子数据交换进行往来结算。

①网上银行的历史发展

从20世纪60年代的电子数据处理系统，到80年代的联机服务，再到90年代的在线服务，银行一直走在信息领域商业应用的前列。银行是支持电子商务正常运作的中枢。

1995年10月，美国的花旗银行率先在Internet上设立网站，带动了全球银行的网络热潮，虚拟银行的雏形浮现。

1999年底，招商银行武汉分行在国内银行业首家推出网上企业银行。用户借助互联网，只需点击鼠标便可完成一系列业务的操作。

中国银行从1996年年底开始与北京的两家ISP进行网上交易的合作。

1998年3月国内第一笔Internet网上电子交易成功。

网上企业银行的出现，使企业足不出户便可以享受到银行24小时的多项金融服务，及时灵活地进行

账目查询、投资理财、核对账户余额等业务。

②网上银行业务

目前网上银行业务层次不一，一般说来网上银行的业务品种主要包括网上投资、网上购物、基本网上银行业务、个人理

财、企业银行及其他金融服务。

网上投资由于金融服务市场发达，可以投资的金融产品种类众多，国外的网上银行一般提供包括股票、期权、共同基金投资等多种金融产品服务。

网上购物商业银行的网上银行设立的网上购物协助服务，很大程度上方便了客户的网上

购物，为客户在相同的服务品种上提供了优质的金融服务或相关的信息服务，加强了商业银行在传统竞争领域的竞争优势。

基本网上银行业务商业银行提供的基本网上银行服务包括：在线查询账户余额、交易记录、下载数据、转账和网上支付等。

个人理财助理是国外网上银行重点发展的一个服务品种。各大银行将传统银行业务中的理财助理转移到网上进行，通过网络为客户提供理财的各种解决方案，提供咨询建议，或者提供金融服务技术的援助，从而极大地扩大了商业银行的服务范围，并降低了相关的服务成本。

企业银行服务是网上银行服务中最重要的部分之一。其服务品种比个人客户的服务品种更多，也更为复杂，对相关技术的要求也更高，所以能够为企业提供网上银行服务是商业银行实力的象征之一，一般中小网上银行或纯网上银行只能部分提供，甚至完全不提供这方面的服务。企业银行服务一般提供账户余额查询、交易记录查询、总账户与分账户管理、转账、在线支付各种费用、透支保护、储蓄账户与支票账户资金自动划拨、商业信用卡等服务。此外，还包括投资服

务等。部分网上银行还为企业提供网上贷款业务。

其他金融服务除了银行服务外，大商业银行的网上银行均通过自身或与其他金融服务网站联合的方式，为客户提供多种金融服务产品，如保险、抵押和按揭等，以扩大网上银行的服务范围。

网上超市

　　网上超市也就是把互联网作为展示平台，实现线上订购，线下配送的一种商业运营模式。随着电脑和互联网的普及应用，人民日益接受了这个新鲜的产品。人们不用再去超市购买了，既省去了在超市里挑选的时间，也省去了在路上来回消耗的时间。

　　网上超市十分便利，不需要租店面，只要一个网络展示平台，就可以完成配送、客服等一系列的工作，其中省去了很大一部分费用。而且进货渠道更为便利，直接从厂家进货，省去了中间环节，直接销售到消费者手里，让利给消费者。而赚取的只是商品的差价和厂家

的返点。方便了客户，又让利于客户，节省了不必要的时间，这将是超市未来发展的一个很好方向。

目前网盈超市网是个很好的购物平台，它从为消费者提供网上超市服务，发展到与传统商店联系的本地超市网。随着互联网在中国的进一步普及应用，网上超市逐渐成为人们的网上购物行为选择之一。根据2007年12月CNNIC的统计结果，全国网络购物人数规模是4641万人，北京、上海、广州的网民数量占全国2.1亿的9%，而三地的网购网民数量已经占到全国的17%。上海的网络购物渗透率达到了45.2%，是网络购物最为普及的城市。其次是北京，网民中的网络购物渗透率接近4成，广州的水平则是略超过3成。其他城市的平均网络购物渗透率要更低一些，21.6%的网民半年内在网上买过东西。

目前，网购的发展日趋成熟化，由于网上销售进入门槛低，而且会有越来越多的上网人士加入网购的行列，随之而来的挑战是良莠不齐的销售队伍带给消费者从热情

到绝望到理智的心态及越来越大的价格竞争、质量竞争和服务竞争。况且老客户很难积累，这将会把一些想把网购当成长期事业的人群压

后容易产生疲惫、厌烦、麻木的心理，因此需要耐心及诚信经营。

电子商务中，个人资料的外泄是最大的问题，如果有黑客破解网页源代码，并在网页上种下木马或是病毒，只要你登入并打上个人资料，黑客便可以马上知道你在网页上打下哪些个人资料。所以，如何保护顾客的个人资料等是电子商务最大的问题，如果不

制在一个长期处于浮沉于相对利润的阶段，但想借此形成大规模和高回报还是有一定难度的。所以最

能妥善处理，此电子店家便会被淘汰。

网上购物

网上购物，就是指通过互联网检索商品信息，并通过电子订购

单发出购物请求，然后填上私人支票帐号或信用卡的号码，厂商通过邮购的方式发货，或是通过快递公司送货上门。国内的网上购物，一般付款方式是款到发货（直接银行转帐、在线汇款，比如亿人购物商城、瑞丽时尚商品批发网）、担保交易（淘宝支付宝、百度百付宝、腾讯财付通等的担保交易）、货到付款等。

网络蕴含着巨大的商业潜能。其中，最为面向大众的网上商务就是网上购物。在现实世界里，购物是人类最古老、最广泛、最简单的商务活动，传统的销售模式主要有百货商店、专卖店、连锁店、超

市、仓储商场等。但是，现代化的生活节奏已使消费者用于外出购物的时间越来越少，拥挤的交通和日益扩大的店面耗费了消费者大量的时间和精力，商品的多样化也使消费者难以辨别出自己所需的商品。因此，消费者迫不及待地需要一种全新的快速方便的购物方式和服务，网上购物应运而生。而在因特网发达的国家，到"虚拟商城"去购物，已然成为一种社会风气。

1994年，互联网席卷全球，居住在美国纽约的一个古巴移民的后裔，年仅29岁的贝佐斯有一天看到

一则数据统计：互联网的成长速率每年高达2300%，他便受到启发，辞掉现有的工作，离家前往西雅图，选择创业，开设了一家网络书店，名为"亚马逊书店"。与传统书店不同，贝佐斯不用租店面，只招聘了四名程序员后，就开始在自家的车库里为亚马逊的运营编写程序。1995年7月，亚马逊书店卖出了第一本书。

现在，书店24小时营业，年销量达到上亿美元，购书订单户遍布世界各地。除了书籍，亚马逊还供应CD、audiobook有声书、数字影音光碟以及游戏软件等，数量高达

470万件。其种类之多，也是世上少见的。经过4年多的发展，亚马逊成为因特网上三个最大的书店之一，并一举击败了创立125年的巴诺书店。

◇ 网上购物的优劣势

现实中买卖东西，因为地区差异会经过很多道环节，因此成本被一步步升高，价格也相对变高。网络上的卖家很多都有各自的渠道和价格优势，加上网络平台提供给大家广大的竞争平台，价格相比而言低很多，甚至好多都是厂方在直接销售。网络购买因为快递、便捷的优点，加上EMS等运输网络的健

全，因此越来越成为很多人的购物

选择。

网上购物最大的优势在于方便。相对于传统购物而言，忙于奔波的劳苦没有了，再也不必挨家挨户地查找、比较，只要坐在电脑前，轻点鼠标，就可以在各家商店自如寻觅。网上购物集搜索、订购、付款于一体，一气呵成，付款后自会有人送货上门，还有完善的售后服务，同时网上购物价格相对便宜。在网上购物，消费者可以避开传统商店刻板的作息时间，在因特网上全球性及全天候的虚拟商场里，大范围自由自在地进行比较，从而获得最佳的商品性能和价格。由于省去了中间商等若干环节，成本较低，所以都能以低于市场价的方式打折销售。

其次，网络上的购物站点是建

立在虚拟的数字化空间里的，它借

助网络来展示商品，并利用网络的多媒体特性来加强商品的可视性、选择性、对比性，使消费者可以全面查看所购物品的方方面面，因而具有更大的灵活性和自由度。为了方便消费者网上购物，目前出现了相关的网络购物软件，即购物向导

或购物机器人。购物向导可以让用户根据自己的购物需要，查询、访问出售产品的商店，便于用户对所需的购买物品进行比较。

对于商家来说，由于网上销售没有库存压力、经营成本低、经营规模不受场地限制等，商家可以承接订单，实行一种完全开

用那种方式支付呢？

放的24小时全天候服务，不受地理范围的限制，灵活方便地从全球各地争取大客户。在将来，会有更多的企业选择网上销售，通过互联网对市场信息的及时反馈适时调整经营战略，以此提高企

业的经济效益和参与国际竞争的能力。

再者，对于整个市场经济来说，这种新型的购物模式可在更大的范围内、更多的层面上以更高的效率实现资源配置。

网上购物突破了传统商务的障碍，无论对消费者、企业还是市场都有着巨大的吸引力和影响力，在新经济时期无疑是达到"多赢"效果的理想模式。

而不愿使用网上购物的人则表示，他们最担心的是商品质量难以保证。而这种担忧的

源头则来自于网络的虚拟和商家信用度的欠缺。其次，传统的消费文化理念也使多数人更愿意在商场购物。同时，对于具有购物欲望的消费者来说，无法预先体验商品也是一大壁垒。除此之外，网络交易的安全性也是隐患，因为网民最担心被人恶意侵犯隐私和被人偷盗银行账号和密码。

◇ 网购在中国的发展概况

随着互联网在中国的进一步普及应用，网上购物逐渐成为人们的网上行为之一。据悉，CNNIC采用电话调查方式，在2008年6月对19个经济发达城市进行调查，4个直辖市为北京、上海、重庆和天津，15个副省级城市为广州、深圳、长春等。访问对象是2008年半年内上过网且在网上买过东西的网民。报告显示，在被调查的19个城市中，2008年上半年网络购物金额达到了162亿元。从性别比例看，男性网购总金额为84亿元，女性网购金额

略低于男性，达到78亿元。其中，学生半年网购总金额已达31亿，非学生半年网购总金额的近1/4。

早在1999年以前，中国互联

网的先知们就开始建立B2C网站，致力于在中国推动网络购物。虽然这种做法在当时遭到了经济学界的普遍质疑，但从之后的发展情况看来，这些质疑早已不是问题，它们已经被大型购物网站和除了邮政以外的快递公司及众多与各大银行对接的第三方网上支付所解决。

自1991年起，我国先后在海

关、外贸、交通航运等部门开展了

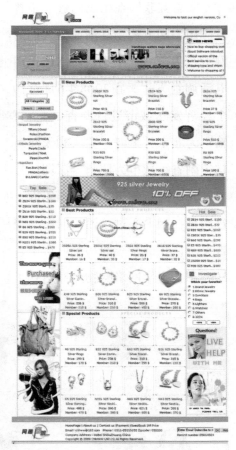

EDI（电子数据交换）的应用，启动了金卡、金关、金税过程。1996年，外贸部成立中国国际电子商务中心。1997年，网上书店开始出现，网上购物及中国商品订货系统已初现端倪。1998年7月，中国商

品交易与市场网站正式运行，北

京、上海启动了电子商务工程。

1998年3月6日下午3：30，国内第一笔Internet网上电子商务交易成功。中央电视台的王轲平先生通过中国银行的网上银行服务，从世纪互联公司购买了10小时的上网计时。3月18日，世纪互联和中国银行在北京正式宣布了这条消息。事隔不久，满载价值166万元的COMPAQ电脑的货柜车，从西安的陕西华星公司运抵北京海星凯卓计算机公司，这是在中国商品

交易中心的网络上生成的中国第一份电子商务合同。由此开始，因特网电子商务在中国从概念走入应用。

1999年底，正是互联网高潮来临的时候，国内诞生了300多家从事B2C的网络公司。2000年，这些网络公司增加到了700家。但随着纳指的下挫，到2001年人们还有印象的只剩下三四家。随后网络购物经历了一个比较漫长的"寒冬时期"。

不过，2003年的SARS开辟了

中国网上购物的新纪元。面对非典的袭击，多数人被困在屋内，

典过后，越来越多的人开始参与网络购物。以当当和卓越为代表的中国B2C的早期拓荒者，从图书这个低价格、标准化的商品作为网络购物的切入点，借助快递配送和货到付款的交易流程，开始逐步建立自己的市场基础，在度过互联网的寒冬之后获得了快速的成长。

2005年，当当网

而要想不出门就买到自己所需的东西只能依赖网络，许多防范意识很强的人也开始试着网上购物。至此，有越来越多的人认识到"网上订货、送货上门"的方便，也有越来越多的人也开始接受网上购物这一购物形式。2003年非实现全年销售4.4亿，这一数字大大超过了两三年前绝大部分投资机构的预期。这一数字，证明了AMAZON.COM（亚马逊，著名电子商务网站）模式在中国的成功，也证明了经济学家的过分悲观主义和市场力量的伟大。在当当、卓越这样的以图书切入市场的综合性网络商城

模式之外，淘宝网和易趣网两家C2C网站也随后兴起，并在交易额上后来居上，在短期内赢得了很大的成功。而以八佰拜、亿人购物

商城、NO5时尚广场、日日美服装网、全球通商旅网、18900手机网为代表的一批定位明确的专业购物网站也获得了较快速的发展。

从2006年开始，中国的网购市场开始进入第二阶段。经过了前几年当当、卓越、淘宝等一批网站的培育，网民数量比2001年时增长了十几倍，很多人都有了网上购物的体验，整个电子商务环境中的交易可信度、物流配送和支付等方面的瓶颈也正被逐步打破。

2007年是中国网络购物市场快速发展的一年，无论是C2C电子商务还是B2C电子商务市场交易规

模都分别实现了125.2%和92.3%

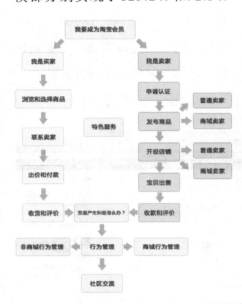

的快速增长。根据艾瑞咨询公司推出的《2007－2008中国网络购物发展报告》数据显示：2007年中国B2C电子商务市场规模达到43亿元，其中当当以14.6%的市场份额位居第一，卓越与当当份额差距逐步缩小，达到11.9%，随后是北斗手机网、京东商城

分别以9.7%和8.1%位列第三、四位；2007年中国C2C电子商务市场交易规模达到518亿元，其中淘宝网的交易份额占比达到83.6%，由于TOM与易趣合资处于磨合期，因此2007年整体成交状况并不理想。拍拍网成交额首次超越TOM易趣，以8.7%的交易份额位居第二。

网络购物年均增长50%，中国网络购物的市场规模在2009年实际接近1000亿。考虑到影响未来3年中国网络购物市场发展的因素，总体而言有利的因素更多，影响也更大，因此艾瑞咨询预测至2011年中国网络购物市场规模将达到4060亿元。

远程办公

　　远程办公，分"远程"和"办公"两部分，是指通过现代互联网技术，实现非本地办公、在家办公、异地办公、移动办公等远程办公模式。

　　广义的远程办公是指，目前企业中比较流行的是通过虚拟专用网（VPN），在公用网络（通常是因特网）中建立一个临时的、安全的连接，形成一条穿过混乱的公用网络的安全、稳定的隧道，帮助远程用户、公司分支机构、商业伙伴及供应商同公司的内部网建立可信的安全连接，并保证数据的安全传输。VPN使用户无论身处何方，都可以随时通过互联

网安全通信。VPN的商业优势非常吸引人，许多公司都开始制定自己的战略，利用互联网作为他们主要的传输媒介，甚至包括商业秘密数据的传输。

　　狭义的远程办公是指，通过远程控制技术，或远程控制软

件，对远程电脑进行操作办公，实现非本地办公、在家办公、异

地办公、移动办公等远程办公模式。这种技术的关键在于：穿透内网和远程控制的安全性。在这两方面做得比较好的远程监

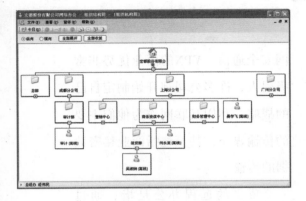

控软件有：国产免费软件网络人，国外收费软件TeamViewer、PcAnywhere、Radmin等。

21世纪初，随着信息技术的迅猛发展，经济全球化的浪潮呼啸而来。越来越多的企业为了适应新经济时代的生存环境，进行大刀阔斧的改革，企业管理模式首当其冲，开始呈现办公分散化的趋势。一方面，更多企业走上国际化道路，分支机构、

合作伙伴遍布全球，不同地区、不同时区的大量业务往来，使异地办公方式大行其道；伴随而来的人员频繁外出、出差，使得人们对移动通讯、移动办公的呼声越来越高。另一方面，为精简机构、提高工作效率、降低办公成本，越来越多的企业开始选择让员工在家办公。据统计，在美国已有3000万人在家中远程办公，占美国工作人口的16%～19%。随着个人电脑和互联网应用技术的普及，居家办公在其他国家也呈快速增长之势。人们依靠一台计算机接入专网或者互联网办公，与组织沟通，与同事协同办公。

网络教育

所谓的网络教育指的是在网络环境下，以现代教育思想和学习理论为指导，充分发挥网络的各种教育功能和丰富的网络教育资源优势，向受教育者和学习者提供一种网络教和学的环境，传递数字化内容，开展以学习者为中心的非面授教育活动。

网络教育是远程教育的

迄今为止，远程教育经历了三代：传统的远程教育、广播电视远程教

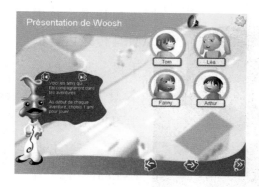

现代化表现，远程教育是一种同时异地或异时异地进行教育的形式。

育和网络教育。传统的远程教育首指函授、刊授教育。最早的函授教育起源于1840年的英国，当时英国速记法发明人伊萨克·皮特曼通过邮寄方式教速记，教育界一般就认为这便是世界函授教育的开端。广播电视远程教育起步于20世纪60年代，在近五十多年来得到了巨大的发展。由多媒体计算机技术和网络

通讯技术在教育中的充分利用而演绎出来的现代远程教育，一般被称为第三代远程教育，即网络教育。

网络教育、网络培训，即E-Learning，现在一般指基于网络的学习行为；在线教育，远程教育，网络培训，在线学习等都可理解为统一或相似的概念。

通行的E-Learning概念约出现于二三十年前，美国是E-Learning的发源地，有60%的企业通过网络的形式进行员工培训。1998年以后，E-Learning在世界范围内兴起，从北美、欧洲迅速扩展到亚洲地区。越来越多的国内企业对E-Learning表示了浓厚兴趣，并开始实施E-Learning解决方案。

需要特别指出的是，E-Learning（在线培训）不只是一种技术，技术只是传送内容的手段，重要的是本身以及通过学习产生的巨大变革，这才是E-Learning（在线学习）的主要意义。

在线教育顾名思义，是以网络为介质的教学方式，通过网络，学员与教师即使相隔万里也可以开展教学活动；此外，借助网络课件，学员还可以随时随地进行学习，真正打破了时间和空间的限制，对于工作繁忙，学习时间不固定的职场人而言，网络远程教育是一种再方便不过的学习方式了。

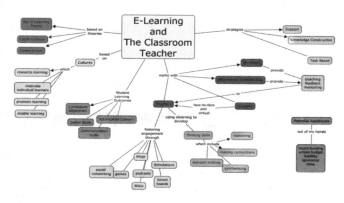

◇ 网络教育的分类

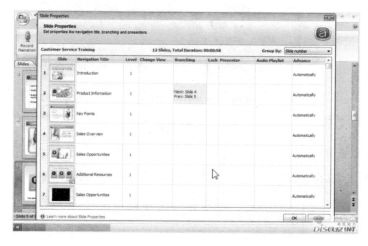

（1）基础网络教育

基础教育是指高中以下的教育。基础教育包括学前教育（幼儿园）、初等教育（小学）、中等教育（初中、高中）三个阶段。中专、职高虽然也属于中等教育，但一般归为职业教育。在我国一般所谓的"中小学网校"，简称"网校"，是种辅助性的教育活动，不提供学历。

（2）高等网络教育

高等网络教育对象一般为十八周岁以上的成人，主要提供高中起点专科、高中起点本科、专科起点本科及本科第二学历教育，另外也提供非学历教育（只学习学历教育的部分课程）。学历教育可以通过相关考试，达到毕业要求颁发各高校毕业证书（注明"网络教育"字样）。

（3）网络职业认证培训

企业E-learning对象主要为企业员工，实施主体则为企业，这是企业实施内训的一种新型实施途径，可根据企业具体情况，以局域网或互联网形式实现。

（5）网络教育服务

网络教育服务主要包括教育服

网络职业认证培训对象广泛，从学生到在职人员都有。它提供职业技能培训、考试辅导、认证培训。主要的网络培训机构有新东方、中华会计网。

（4）企业E-learning

务、教育网游、教育频道、平台提供商、内容商等，是为网络教育提供服务，没有实体和网络学校。

◇ 网络教育的特色和优势

（1）资源利用最大化

各种教育资源通过网络跨越了空间距离的限制，使学校的教育

任何课程。网络教育便捷、灵活的"五个任何"，在学习模式上最直

成为可以超出校园向更广泛的地区辐射的开放式教育。学校可以充分发挥自己的学科优势和教育资源优势，把最优秀的教师、最好的教学成果通过网络传播到四面八方。

（2）学习行为自主化

网络技术应用于远程教育，其显著特征是：任何人、任何时间、任何地点、从任何章节开始、学习

接体现了主动学习的特点，充分满足了现代教育和终身教育的需求。

（3）学习形式交互化

教师与学生、学生与学生之间，通过网络进行全方位的交流，拉近了教师与学生的心理距离，增加了教师与学生的交流机会和范围。并且通过计算机对学生提问类型、人数、次数等进行的统计分

析，可以使教师了解学生在学习中遇到的疑点、难点和主要问题，更加有针对性地指导学生。

（4）教学形式个性化

建议。网络教育为个性化教学提供了现实有效的实现途径。

（5）教学管理自动化

计算机网络的教学管理平台具

网络教育中，运用了计算机网络所特有的信息数据库管理技术和双向交互功能，一方面，系统对每个网络学员的个性资料、学习过程和阶段情况等可以实现完整的系统跟踪记录；另一方面，教学和学习服务系统可根据系统记录的个人资料，针对不同学员提出个性化学习

有自动管理和远程互动处理功能，被应用于网络教育的教学管理中。远程学生的咨询、报名、交费、选课、查询、学籍管理、作业与考试管理等，都可以通过网络远程交互的方式完成。

◇ 网络教育的进一步发展

近年国内外迅速发展起若干大大小小支持教学的网络教育硬设备。

（1）大屏幕投影仪

通过投影仪把计算机屏幕上的多媒体课件映射到大屏幕上，所有大教室里的听众，都能清楚看到教师利用课件的详细讲解。

（2）移动式电脑

教师备课、学生做作业所用的移动式电脑可以自由地在家中与学校间携带，也可方便地与其他设备连接，从而省去不兼容的担心。

（3）网络教室

每个学生使用一台机，机机相连。学生可以动手操作，在教学中，教师容易监控不同学生的进展，进行有针对性的及时指导。学生间也可分小组研讨。

（4）校园局部网

教师可以把课程的教材内容与教学放入校园局域网，学生可按自己的安排自由学习，快速检索到所要的资料，师生容易非同步甚至同步进行对话，进行有针对性的指导、答疑。这样可以减少课时，省掉师生来回奔跑，增加学习的灵活主动性。

（5）电视会议

所有学生在遥远的不同地理位置上，可以看见老师讲解，并及时交互。师生同步进行讨论，如同在同一教室一样。

以上所述，都可利用网络教育在全球范围内传递，使教育迅速发展到具有全球性质。

电子医院

所谓电子化医院，是指采用一整套以病人为核心的信息管理系统，采用该系统可优化医疗与管理流程，每天24小时电脑语音预约挂号，病人就诊时的一切资料都输入电脑，医生可随时调出诊断，如有疑难病症还可以进行网上远程会诊。这些先进的医疗手段的实现，离不

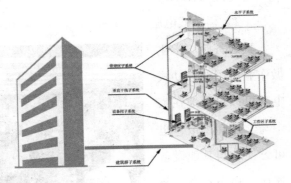

开作为基础工程的IBMACS先进布线系统的支持。

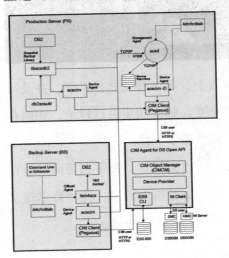

在所有网络解决方案中，布线系统是最关键的基础设施。看似简单的布线工程，稍有疏忽，将给网络设施的使用带来很多麻烦。1997年我国智能建筑中有70%不能达标，在已交付使用的工程中，因布线失误而导致的二次布线率很高。针对这一现象，IBM在业界率

先提出了ACS（先进布线系统）。
IBMACS先进布线系统，不仅支持

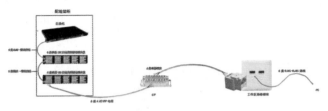

高速度的信息传输，具有极高的可靠性，用户维护使用方便、灵活，而且采用绿色环保材料，注重环境安全，将为布线而布线的理念转变成具有人性化的网络布线。华西附三院医疗大楼一共有3000个全五类信息点，ACS的应用能充分保证医院所有图文、语音、数据资料的高速传播。该院信息办公室刘启茂主任介绍说，IBM将丰富的网络集成、项目管理与服务经验融入了ACS先进布线系统的设计之中，从缆线到接插件，真正实现全程屏蔽，确保网络信息传输的高度安全性，加上独特的数据安全锁扣保护终端设备，体现了非常专业的技术。选择与IBM的合作，从根本上保证了华西附三院电子化建设的

实施。

在信息技术飞速进步的今天，医院的现代化建设也步入电子化轨道。华西医科大学附属第三医院的建立，将使其成为西南地区第一家率先达到符合国际现代化标准的电子化医院。

如何让管理能更好地产生效益而不是单纯地耗费资源呢？众所周知，管理系统可以从工作任务上分为三个层次，其一是普通的录入

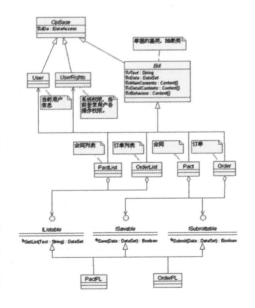

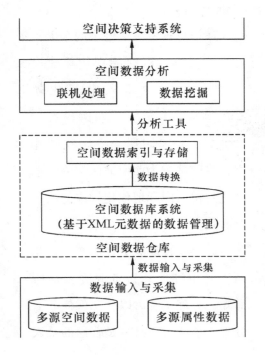

等基层工作，目前几乎所有MIS系统都已经实现；其二是中层的控制工作，绝大多数MIS系统都能够实现；最高的一层是高层决策工作，目前许多MIS系统都在做这方面的工作。在这里所强调的强化管理，主要是中层的控制工作，通过强化管理可以发现并改进不合理的业务流程，减少各个衔接环节之间的延迟和失误，提高医疗单位的工作效率，提高医疗服务的效率和水平。

此外，完善的管理能够较大限

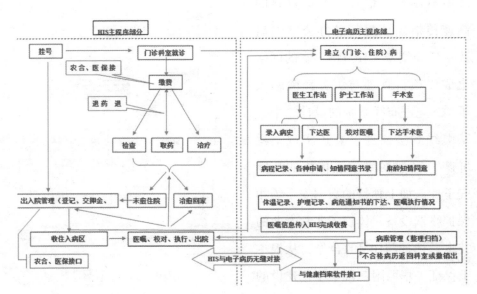

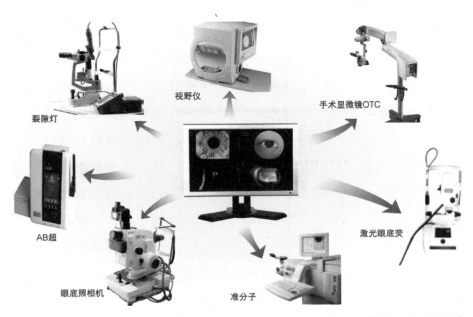

裂隙灯

视野仪

手术显微镜OTC

AB超

眼底照相机

准分子

激光眼底荧

度地避免失误的发生或是及时发现或追溯工作中失误的地方，达到防患于未然或纠正、惩戒的目的，能够在很大程度上减少内耗，产生效益。虽然说服务–成本曲线是个无限趋近于100%的对数曲线，但目前国内绝大多数医疗单位服务水平还处于拐点前快速增长的线性区间内，所以投入少量资源可以成比例地提高服务水平。而提高的服务水平又能使医疗单位在市场竞争中站稳脚跟，稳步发展，并从长期的角度上取得竞争的胜利。

一个好的HIS系统或电子医院系统中就应该包括一个好的MIS子系统，通过这个子系统来实现医疗单位对人的管理。这种管理可以通过与HIS系统无缝地整合，将系统中的用户对象与现实中的医疗人员或管理人员一一对应起来，通过对系统中用户对象的管理（如用户属性、组别等）来实现和反映现实中人员的管理（职称变更情况，所属科室改变情况等），通过系统中各用户对象在工作流程中的记录来反映实际理工作中的人员参与情

况，通过对各用户对象在系统中的统计情况为高层管理决策提供数据支持。这种系统需要两个重要的支

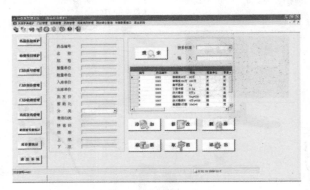

持，一是完善的用户帐户管理措施，保证用户对象与医疗单位工作人员的一一对应关系；二是各项工作环节的签收措施，保证各工作环节都有记录可查。

其实，一个医疗单位中的管理，也就是通常意义上的管理系统只是管理的一个方面。全面的管理还应该包括对单位中的物、钱、信息及安全的管理。对单位中物的管理主要是物流管理子系统的工作。这种物流管理的模式对于中等或以上规模的单位相对较为

适用，因为这种物流管理是建立在规模出效益的基础之上的，对于规模较小的单位，利用直觉法进行管理就能达到目的，同时还能提供较高的灵活性。这种物流管理不单包括药物、消耗材料，固定资产、仪器设备甚至病人都能够作为一种特殊的物流来管理。

对单位中钱的管理主要是财务管理子系统的工作，这方面国家有相关的法律法规，并制订了相应的强制性的财务管理制度，在软件系统方面也有许多成熟的财务管理软

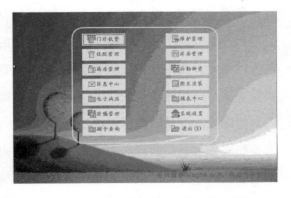

件可用，在HIS系统中的财务管理子系统主要是做出相应的接口，通

过与物流子系统交互，来实现科室内、科室间、单位内部及单位间的平衡、划拨、核算等功能。对信息的管理，是信息共享与发布子系统的工作。

　　需要强制签收的信息采用主动地推的发布方式，可以强制性地记录各人员签收情况；不需要签收的信息采用被动地拉的共享方式，由需要的人员自行查收。发布的过程也需要过程控制来反映工作的流程，确定参与制订、修改的工作人员的工作情

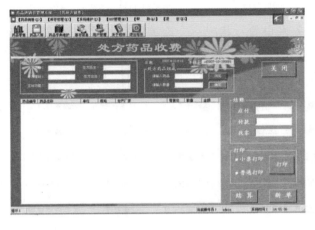

的保安、门禁、消防等公共安全管理工作，在HIS系统中更突出了数据资料的安全。除了制订相关的灾难保护策略、信息管理制度等保证资料物理安全的措施外，还需要制订防火墙管理策略、加密策略、数据校验策略等保证数据一致性的安全措施。

　　综上所述，要实现全面的管理需要很多相关子系统的参与。而各种管理措施的体现和记录，除了要反映在相应子系统的信息记录中，还需要反映到一个重要的法律文书上来，那就是病历。在

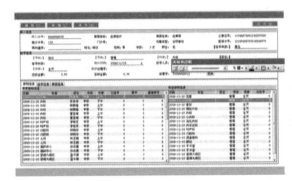

况。而安全管理方面是安全子系统的工作，该子系统不但包括了普通

这个文书上的记录能够反映事件发生时工作流程情况、参与人员情况、所用药物、消耗材料情况、财务帐户盈亏状况、会诊等信息的发

布情况等，能从法律上支持院方的无过错举证。而记录、整理这个电子化的文书就是电子病历子系统的主要工作。在完善的电子病历系统支持下，能够减少医疗纠纷及其造成的损失，同时还能方便检查、整理、查询、统计等工作。因此，电子病历子系统可以算是HIS系统的重要核心之一。

一个好的HIS系统完全能够实现这各方面管理的要求。而通过对各方面管理的不断强化和规范化，也能让HIS系统本身不断发展、完善、规范。这需要开发人员在开发的最初阶段本着一种做操作系统的态度对待HIS系统开发，并在实施过程中不断与使用者相互反馈，使得HIS系统更人性化，使用更方便，管理流程更规范，减轻人员的工作负担，提高整个医疗单位的工作效率。

当然，一个好的HIS系统还应具有可扩展性，能适应医疗单位以后的发展，能够与其他医疗单位交流信息，能够为其他外部系统，如公安、保险等部门提供相关信息，同时还能从这些部门获得一些信息资料。这些都是今后实现一个全国范围的大HIS系统的基础工作之一。

第三章

先进的通讯

　　21世纪是一个网络通讯的时代，通讯方式在不断更新的科学技术水平下得以逐渐完善。因此，目前先进的通讯设备受到了广大用户的青睐。

　　通讯设备的发展是经过不断地改进和完善而逐步走向成熟的。无线电话、卫星电话、可视电话的出现更是为人们的生活提供了很大的便利。随着网络的出现，未来通讯的发展很有可能趋向于网络电话时代，届时人们可以通过网络实现及时、可视的通话。

手机的发展也越来越走向成熟化，手机即将进一步演变成为掌上电脑。到时候，手机的功能将变得更为强大。手机的不断完善正是不断迎合广大手机用户的使用需求而研制的。

　　相信随着人类科技的不断进步，通讯设备也必将出现一个新的发展阶段来替代现有的发展水平。到时候，新型的通讯设备必将给人们带来更加便利的生活，为人们提供更加便捷的服务。

无线话筒

每套无线话筒由若干部袖珍发射机（可装在衣袋里，输出功率约0.01瓦）和一部集中接收机组成。每部袖珍发射机各有一个互不相同的工作频率，集中接收机可以同时接收各部袖珍发射机发出的不同工作频率的话音信号。它适用于舞台、讲台等场合。

◇ 无线话筒的特性

（1）外观造型具有符合人体工学及美学依据的设计

手握式无线话筒的筒身必须具有适合手掌握持的尺寸及优美的造型，一般传统的筒身都呈竹筒或梯形，不但没有美感，也不太适合手掌握持，尤其对容易流汗的使用者，不容易紧握而滑落。最适合手握的造型是中间直径比两端细小的双内曲线造型，就像中国的观音品瓶，不但造型优美，而且易于握紧。

（2）手握式话筒要采用先进的隐藏式天线设计

早期的无线话筒尾端都外接一支天线，而先进的无线话筒克

服了技术上的困难，不再使用落伍的外接式设计，而是采用最完美的隐藏式天线设计，让无线话筒拥有使用方便、安全、美观又不会出现折断故障的优点。

产生中断或不稳定的缺点，在专业场合使用下，这种现象是不允许发生的。为

了解决这一缺点，只有采用最先进的自动选讯接收系统，才能获得最完美的效果。一般市面上流行的廉价双频道接收机，都没有这种自动选讯接收功能，因而无法避免上述缺点，所以只适合在短距离的家庭卡拉OK场合使

（3）具有消除声音中断或不稳定的功能

无线话筒发射的讯号因受到周遭环境的吸引与反射，容易导致接收天线收到的讯号发生死角的现象，使输出的声音

用。在专业的场所或重视音响品质的使用场合下，必须选用自动选讯接收系统的机种，才能满足

音质上的要求，获得完美的演出效果。

（4）要装配优良的音头

音头的品质是决定无线话筒音质优劣的第一关。音头有动圈式和电容式两种类型。

动圈式以负载于振动膜上的线圈，在高密度的磁场间将声能转换为电能讯号。这种音头的音圈在特性上有一定的极限。但基本结构简单，价格便宜，是市面上最普遍流行的机种。

电容式话筒是结合电子及结构上技术层次较高的话筒，其发音是利用极间电容的变化，以超薄的镀金振动膜，直接将声音转换成电能讯号。高级电容式话筒最主要的

特点是：能展现极为清晰的原音音质，高低频率响应非常宽广平坦，灵敏度非常高，指向性及动态范围大，失真率小，体积轻巧耐摔，触摸杂音低，目前广泛使用在录音室、专业舞台、测试仪器等专业器材上。唯一的缺点就是需要提供偏压，但因为无线话筒本身有电源供应，电容音头是无线话筒最佳的搭配，可以让所有优点全部发挥在无线话筒上。目前台湾MIPRO无线话筒，是唯一装配了高级电容式音头的产品。

（5）具有防止待机时受到干扰而产生杂音巨响的功能

一般的接收机大都具有静音控制的功能，当电源打开而没有话筒讯号输入或讯号强度低于某一讯噪比时，静音控制电路就会关闭输

出电路，主接收机完全静音，防止噪音输出。当话筒讯号打开的时候，接收机立即启动静音电路，让音频电路输出话筒的声音。但当话筒电源打开及关闭的瞬间，或在话筒讯号关闭时，偶尔遇到超越静音控制强度以上的讯号干扰，接收机静音电路也会被这些冲击杂音及干扰杂音启动而输出杂音巨响。为了解决这种缺失，在高级机种上便加装了所谓的"音响锁定静音电路"加以抑制。其原理是在话筒的发射

讯号中加入一个固定超音频的调变讯号，同时在接收机内部也加装一个鉴别器。如此，接收机必须接收到含有这种固定超音频调变讯号的话筒讯号时，才能启动输出电路，达到防止其他讯号或杂音干扰的功能。为了保护贵重的音响系统不被杂音巨响损坏，必须选择具有音码

锁定静音功能的机种。

（6）话筒具有低触摸杂音的优越特点

手握式无线话筒因使用时与手掌之间产生摩擦的触摸杂音，对正常音质产生影响，尤其无线话筒本身具有十分灵敏的前置放大器，使这种触摸杂音表现更为严重，成为技术上的瓶颈。一般的无线话筒制造商因为没有专业设计经验，而且为降低制造成本，通常采用简陋的电路，选用廉价音头、避震不良的悬挂设计及廉价的管身

表面处理，因此音质不清晰，也无法克服话筒显著的触摸杂音而使原音劣化，所以选择品质优良的无线话筒，必须特别注意选择具有极清晰的音质及超低触摸杂音的特性。

（7）具有多频道使用互不干扰功能

无线话筒的使用最大的技术瓶颈就是讯号干扰问题，更严重的

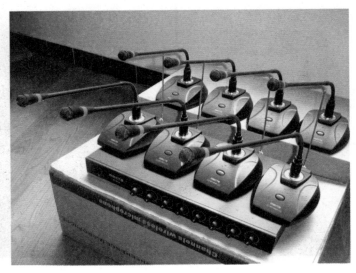

是使用频率越多，干扰的问题越严重。所以，在同一地点同时使用多支无线话筒的情况下，要避免干扰，除了要慎选物理上互不干扰的频率及避开邻接的外界讯号干扰外，接收机要

有极佳的选择性，发射与接收的辐射谐波要滤除得非常干净，这样才能避免讯号的互相干扰。一般VHF频段的接收机，大概能做到12个频率同时使用已经很不错了，而台湾

的MIPRO产品，可以做到24个频率同时使用而互不干扰，甚至在特定条件的环境下，经过特别设计及安排，可以达到更多的频率同时使用。

（8）避免频率"塞车"或讯号干扰，应选用数位锁定UHF频道系统的产品

由于目前VHF200MHz频段的无线话筒使用量太多，造成讯号互相干扰及各种电器杂音干扰的问题越来越严重，因此，近年来专业级无线话筒使用

的频率逐渐提升到800MHz的UHF频段，并采用PLL相位锁定电路，

石英锁定固定频率的设计，这种机型在需要多频道使用的场合或遇到

预设多频道可任意切换的设计，避免其他讯号及一般电器杂音的干扰，从而获得最佳的使用效果。

由于UHF频段的电路设计较复杂，使用的高频零件也较精密，所以目前价位还偏高，量产的厂商也较少，不过UHF机种是符合专业品质的最佳选

择，也逐渐成为今后的流行趋势。台湾MIPRO公司有量产全系列的高级机种及完整的周边配备。

（9）解决多频道同时使用及避免干扰，应选用数位锁定可以改变频率的多频道系列机种

传统的无线话筒系统是采用

强讯号干扰的情况下，是无法任意更换希望使用的频率的，必须整台换掉。为了解决这种缺失，先进的

机种便采用相位锁定频率合成的方式，在发射与接收机内预存数十个频率，可以让使用者任意变换，虽然这种先进的设计成本较高，但为经销及使用者提供了非常方便的功能，彻底解决了上述的缺失。台湾MIPRO公司能量产这种

设计最先进、价格最合理化的完整系列产品。

（10）具有国际品质认证及通过电信法规检验合格的产品

优良的无线话筒产品必须是通过国际品质认证的工厂制造，还要通过各国电波法规的认证，才能合法销售及使用。消费者应选择通过认证的产品来使用，品质才有保障。

◇ 无线话筒的类型

选购产品之前，首先应对产品

的类别有一个基本的概念才能选到适合自己需求的机种。按不同的标准，无线话筒可区分为不同的类型。

（1）按发射使用频率区分：

①FM无线话筒：俗称FM 88-108MHz国际调频广播频段。早期消费性无线话筒是利用FM收音

机来接收的，系统简单，成本低廉，但因使用效果不能满足专业品质的要求，目前只能成为小孩或学生的玩具。

②VHF无线话筒：又分为低频及高频段两种类型，前者使用VHF50MHz的频段，因频率较低，使用天线长度太长，又最容易受到各种电器杂波的干扰，因此这一类型的产品目前已经被高频段所取代而逐渐从市场上消失；后者使用VHF200MHz的频段，因频率较高，使用天线较短，甚至可以设

计成隐藏式天线，方便、安全又美观，又从很大程度上减少了电器的杂波干扰，电路设计极为成熟，零件普及价格低廉，所以成为当今市场上的热门机种。

（2）按接收机频道数区分：

①单频道机种：在一个接收机的机箱内只装配一个频道的非自动选讯或自动选讯接收机，前者在台湾几乎没有市场，但是外销市场

价格最便宜；后者因使用简单、特性稳定，已成为适合专业场合多频道同时使用，避免讯号干扰的最佳机种。

②双频道机种：在一个接收机的机箱内，装配两个频道的非自动

选讯或自动选讯接收机，充分利用机箱的空间，降低成本。前者就是所谓"亚洲战斗机种"的机型，因为设计简单，成为台湾量产低价位厂商的主要机种；后者因为机构及电路复杂，内部互相干扰的处理及

天线混合匹配不易，因此只有少数在生产专业机种的厂商那里才有。

③多频道机种：在一个接收机的机箱内，装配四个频道以上的接收机，大都采用模组化接收模组的

机构设计，主要适用于装架式专业机种的使用场合。

（3）按接收方式区分

①自动选讯接收无线话筒系统：由于电波舆中会产生"死角"

的物理现象，使接收机的声音输出产生断断续续或不稳定，为了解决这种缺陷，专业用的机种必须采用双天线及双调谐器的"自动选讯接收"方式来改善。

②非自动选讯无线话筒系统：由于上述机型的电路设计复杂精密，装配较难，成本较高，一般低价的机型就没有采用自动选讯的设计，所以也就无法消除无线话筒在使用中产生声音中断的缺点。这种机种当然不符合专业场合使用的基本要求。

（4）按振荡方式区分

①石英锁定机种：该机种以石英振荡器产生发射与接收精确稳定的固定频率，电路简单，成本低廉，是当今无线话筒的标准电路设计。这种类型的话筒及接收机只固定一个频率配对使用，无法改变或调整使用频率。

②相位锁定频率合成机种：为了避免无线话筒在使用中遇到其他

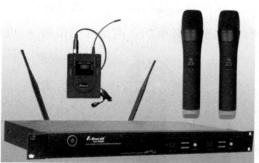

讯号的干扰而无法使用，或为了适应同时使用多支话筒的场合，需要随时方便又快速地改变频道，于是多采用PLL的电路设计，来达到这种功能的要求。

卫星通信

卫星通信线路是指通信电波经由卫星中转、放大，与地面相连接的整个路线。利用卫星线路打电话，话音信号必须通过卫星通信地面站变成载波信号，发射到卫星上去，再由卫星上的空间转发器补充信号能量，然后送到另一端的卫星地面站。

对于用户来说，利用卫星线路打电话和利用地面线路打电话，基本方法是一样的。如果卫星线路是接在自动交换机上的，便可直接拨

号通话；通过卫星线路接在人工交换机上，用户打电话则需要有人工交换机的值机员接通线路后，方可通话。由于我国目前现代化的电话自动交换设备不够普及，远离卫星地面站的用户，只能由长途台话务员通过微波或电缆线路，接通卫星通信地面站后才能通话。

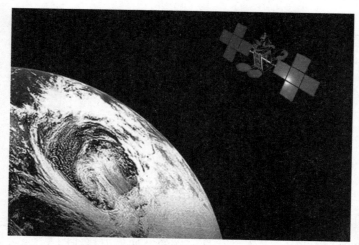

的卫星功率为3000瓦，天线直径约为5米，用多波束覆盖业务区。这就要使每个信号选定从单一K频段波束到所需L频段波束以及反向的接续路由。K频段被划分几段，每段对应L频段的一个特定的点波束，为的是解决以下两个难点：

①每个L段上的业务无法精确预测，而且随时变化。

②国内业务和国际业务的分配很复杂，也使得卫星移动通信系统业务在陆地、海上、空中三个部分的分配很困难。但是，这里不存在L频段到L频段的路径。

◇ 卫星通信系统的组成

（1）空间系统

由于移动天线终端尺寸小，在L频段每信道所需卫星辐射功率较固定卫星业务中相应信道的功率为大，预计所需

（2）地面系统

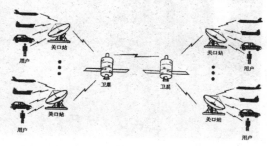

①卫星移动无线电台和天线

卫星移动无线电台和陆地移动无线电台的功能、复杂性、部件数量和类型很相似，只是卫星移动无线电台使用5kHz信道间隔而不是25kHz或30kHz。电台话音、调度通话器、数据、消息分组、定位、寻呼等都属于该卫星中继通话器系统本身的功能，每个卫星移动电台都需要一个频率综合器，以便将他们调谐到所需的5kHz信道。该系统还采用专用信令信道，以免系统在公共安全紧急救援期间饱和，并为天线的指向调整提供参考。信令信道在移动台从一个卫星波束进入相邻卫星波束时，为波束转换提供幅度参考电平。

为获得满意的话音质量以及邻

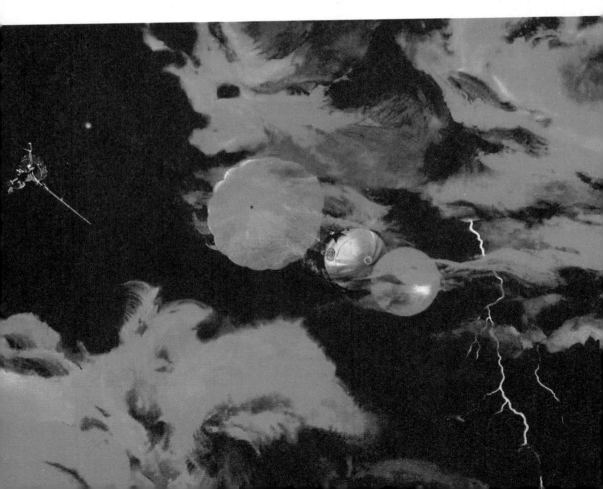

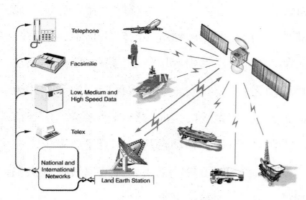

种站都使用3.3米天线，但通信密度大的地区的关口站需要较大的天线。关口站应有足够的容量，以免阻塞；还要有足够备份以保证高的可用性。一个出故障的关口站将被旁路，这时呼叫由相邻的关口站临时转接。

星的频率再用，需要约13dBi的高增益天线。天线的辐射图形可以是圆的或是椭圆的，可在方位角上通过电动的机械方法实现调整，也可以通过圆形阵列的切换达到近13dBi的增益。

②关口站、基站

地球站工作于K频段，由于卫星移动通信服务的基本结构是每载波单信道，所以关口站必须自动按网控中心从信令信道传来的指令调谐到5kHz信道。基站需要频率合成器，可以工作在固定信道。这两

◇ 卫星通信的发展历程

自从1957年10月4日苏联成功

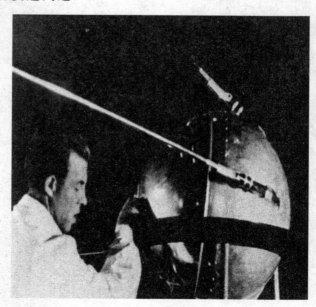

发射了第一颗人造地球卫星以来，世界许多国家相继发射了各种用途的卫星。这些卫星被广泛应用于科学研究、宇宙观测、气象观测、国际通信等领域。

1958年12月美国宇航局发射了"斯科尔"广播试验卫星，进行磁带录音信号的传输。1960年8月，又发射了"回声"无源发射卫星，首次完成了有源延迟中继通信。1962年7月美国通话器电报公司AT&T发射了"电星一号"低轨道通信卫星，在6GHz/4GHz实现了横跨大西洋的通话器、电视、传真和数据的传输，为商用卫星通信奠定了技术基础。

1965年苏联发射了"闪电"同步卫星，完成了苏联和东欧之间的区域性通信和电视广播。至此，经历了近20年的时间，终于完成了通信卫星的试验，并使卫星通信的实用价值得到了广泛的认可。

1964年8月成立了商用的卫星临时组织。1973年2月更名为国际通

信卫星自治。这是一个国际性商用卫星通信机构，截止1986年已有112个国家参加该组织（包括中国），目前正在使用的国际通信卫星主要是INTELSAT卫星公司发射的"晨鸟"，也称为"INTELSAT-Ⅰ"国际通信卫星。自此之后，先后发射了六代国际通信卫星-Ⅱ～Ⅶ。前四代已经完成了使命，现在正在运行的包括IS-Ⅴ-A、IS-Ⅵ、IS-Ⅶ。

300多个地球站。该卫星载有七副通信天线，转发器共有27个，可

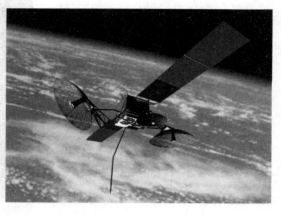

同时传送12500路通话器和两路彩色电视信号。

1980年发射的Ⅴ号和1985年发射的Ⅴ—A号国际卫星是一种大容量国际商用卫星。目前，有6颗Ⅴ号卫星在同时工作，用于沟通

1989年发射的Ⅵ号国际卫星重量为1600千克，有46个转发器，通信容量为24000条双向话路和3路电视，采用数字倍增设备后扩大为12万个话路。该卫星转发器不仅使用C波段（6/4GHz），而且在点波束处还使用Ku频段（14/11GHz）。

1992年发射的Ⅶ号国际通信卫星是为了替代于1993年到期的Ⅴ—A国际通信卫星而研制的。该卫星外形与Ⅴ—A卫星相似，也是三轴稳定，在轨精度达±0.01°。该卫

星采用了许多新技术，包括：

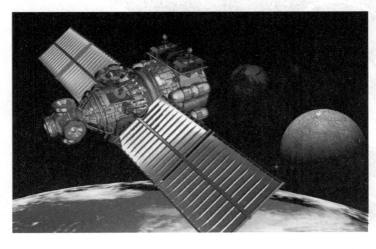

（1）4个波束可按地面指令而指向地球上任何地区。

（2）可根据业务需要改变卫星全球波束，将其分配给C波段点波束，使转发器得到充分的利用。

（3）C波段半球/区域载荷采用四重频率复用，C波段全球/点波束采用二重频率复用，Ku波段采用二重频率复用。

（4）同时采用空间波束隔离及极化隔离，使隔离度提高到27dB以上。全球波束覆盖区及极化隔离可达到35dB以上。

固定卫星业务的迅速发展，促使了移动通信卫星业务的出现。移动通信卫星业务是指装载在飞机、舰船、汽车上的移动通信终端所用的同步卫星通信。应用最早的是海上移动卫星业务，1976年第一颗"海事卫星1号"发射到大西洋上空。随后于1979年又成立了"国际海事卫星组织"。

广播卫星业务也可归入固定卫星业务。如加拿大的"通信技

术卫星"、美国的"应用技术卫星"、苏联的"静止"卫星、日本的"日本广播卫星"等。广播卫星业务是为了使用户能直接接收来自卫星转发等广播电视节目，

包括由简易家庭用接收设备直接接收等"个体接收"和先由大型天线接收后再分送给一般用户等"集体接收"两种方式。

其他卫星业务包括无线电导航卫星（如美国海军导航卫星NNSS），地球探测卫星（如美国陆地卫星LANDSAT）、气象卫星（如美国NOAA卫星）、业余无线电卫星（如OSCAR），以及报时、标准频率、射电天文、宇宙开发、研究卫星等业务。

我国自1970年4月成功发射了第一颗卫星以来，已经先后发射了数十颗各种用途的卫星。如1984年4月，我国发射了第一颗试验用"同步通信卫星"STW-1（即东方红二号）。1986年2月于我国西昌发射场，用长征3号火箭成功发射第二颗"实验通信卫星"STW-2。该卫星位于东经103°赤道上空（马六甲海峡南端），等经线贯穿我国昆明、成都、兰州等地，卫星高度35786千米。该同步卫星形状呈圆柱形，直径2.1米，总高度3.67米，轨道重量429千克，太阳能电池功率为135瓦。卫星点波束天线直径1.22米，采用双自旋稳定方式。卫星有两个转发器，工作频率为6/4GHz，用于转播广播电视和传送通话器，设计容量为1000路通话器，其寿命为3年。

1988年3月，又于西昌发射场，用长征3号火箭发射成功第一

颗"实用通信卫星"，即"东二甲"卫星。该星定点于东经87.5°赤道上空。1988年12月又发射了"东二甲－2"卫星，定点于东经110.5°。"东三甲"卫星是"东二甲"卫星的改进型卫星，其天线改成椭圆波束，设计寿命延长为四年，加大了太阳能电池功率，转发器增加为4个，说明我国的卫星通信技术已经迈入了国际领先领域。

可视电话

可视电话业务是一种点到点的视频通信业务，它能利用电话网双

向实时传输通话双方的图像和语音信号。由于可视电话能收到面对面交流的效果，实现人们通话时既闻其声、又见其人的梦想。因此，自从该概念提出后就受到普遍的好评，人们纷纷对它寄予厚望。但是，经过漫长的等待之后，可视电话一直

没有得到广泛应用，始终离普通用户很远。一般的电话只是在实践上缩短了使用者之间的距离，可视电话的问世扩展了电话的功能，它能同时给人以"声"和"形"两方面的感受。

可视电话由"电话"和"电视"两部分组成，上面装有电视摄像机和电视接收机。电视摄像机能把站在他面前的人的模样和周围景物，转换成相应的电信号，通过电

话线传送出去。普通摄影师是将景

物一下子摄入镜头的，而摄像机却是"化整为零"的。

可视电话从概念提出、技术发展到市场启动，中间经历了种种坎坷和曲折。尤其在中国，可视电话市场长期处于雷声大、

雨点小的境地，市场迟迟未能启动。按理说，很少有用户终端是经过几十年的研制和发展后却仍基本停留在书本上，未能获得大规模应用的，而可视电话却恰恰就处于这一行列。

早在20世纪50、60年代就有人提出可视电话的概念，认为

应该利用电话线传输语音的同时传输图像。1964年，美国贝尔实验室正式提出可视电话的相关方案。但是，由于传统网络和通信技术条件的限制，可视电话一直没有取得实质性进展。直到20世纪80年代后期，随着芯片技术、传输技术、数字通信、视频编解码技术和集成电路技术的不断发展并日趋成熟，适合商用和民用的可视电话才得以浮出水面，走进人们的视线。

编解码芯片技术是可视电话发展的关键，没有核心编解码芯片，

可视电话只能是无源之水、无本之木。语音和图像在传输时，必须经过压缩编码—解码的过程，而芯片正是承担着编码解码的重任，只有芯片在输出端将语音和图像压缩并编译成适合通讯线路传输的特殊代码，同时在接收端将特殊代码转化成人们能理解的声音和图像后，才能构成完整的传输过程，让通话双方实现声情并茂的交流。

传输线路会影响可视电话的通信质量。传统的电话线是普通的双绞线，主要用来传输语音，视音频同时传输时，其传输速率仅能达到

33.6K，所以在普通电话线的支持下，不能传输清晰连贯的图像。协议标准不统一，影响市场推广。长期以来，虽然不断有厂家推出可视电话，但由于他们各自为政，没有统一的行业标准，各种可视电话不能互通，影响了可视电话市场的拓展。在协议标准不统一的情况下，只有用户购买了同一型号的可视电话才能达到"可视"效

果，如果甲用户买了甲厂家的可视电话，而乙用户买的是乙厂家的，那么他们通话就没法"可视"了。正因为技术、线路和行业管理等方面存在问题，才造成了可视电话发展了几十年却仍远离用户，市场也没有起色。

作为人们日常生活、工作中不可或缺的通讯工具，电话以其方便、快捷等特点而被广泛应用，但普通电话机只能是"只闻其声，不见其人"。希望在通话的同时能看到对方的图像成了许多人梦寐以求的愿望，而可视电话正好实现了人们的这一梦想。可视电话属于多媒体通信范畴，是一种有着广泛应用领域的视讯会议系统，它能使人们在通话时能够看到对方的影像。它不仅适用于家庭生活，而且还可以广泛

应用于各项商务活动、远程教学、保密监控、医院护理、医疗诊断、科学考察等不同行业的多种领域，

因而有着极为广阔的市场前景。

据专家介绍，可视电话在传输信道上可分为PSTN（公用电话网）型、ISDN（综合业务数字网）型、专网型等多种方式。在PSTN上工作的可视电话，每秒钟

可以传输10~15帧画面；在ISDN上工作的可视电话，每秒钟可以传输15帧以上的画面。目前，可视电话产品主要有两种类型：一类是以个人电脑为核心的可视电话，除电脑外还配置有摄像机（或小型摄像头）、麦克风和扬声器等输入输出设备；另一类是专用可视电话设备（如一体型可视电话机），它

能像普通电话一样，直接接入家用电话线进行可视通话。由于普通电话线普及率很高，因此在公用电话网上工作的可视电话最具发展潜力。

近年来，可视电话在发达国家发展迅速。随着1996年国际电信联盟PSTN多媒体可视电话国际标准ITU—IH．324标准的公布，符合该标准的可视电话在美国、日本、德国纷纷被开发出来并很快进入居民家庭。在我国国内可视电话虽受多种因素制约一时难以普及，但在一些政府部门、企业、团体中的使用率也在逐渐提高，价格相对低廉的可视电话也在加紧开发研制之中。目前，我国华南光电仪器厂、深圳雅翔工贸发展有限公司（与台湾星河电子有限公司合作）、山东科凌电子系统有限公司等均有新型可视电话产品面市。这些新品均采用了先进的数字压缩解压技术，符合ITU—TH．324标准，其利用覆盖面最广的PSTN（公用电话网）为

载体，只需将可视电话机与普通电话线相连并接通电源，便可轻松拨打可视电话，在屏幕上显示己方和对方的动态影像，让通话双方充分享受身临其境的现场感觉，而且这并不会增加消费者的消费负担，它的通话费用与普通电话一样。

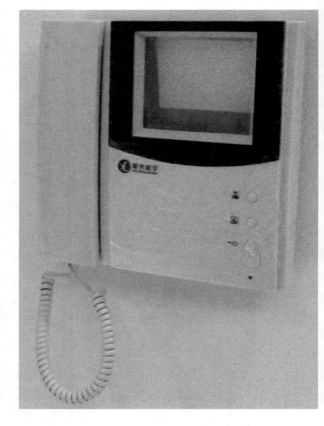

网基电话

在电讯世界，互联网协议语音通讯正在逐渐成为可能改变人们打电话方式的一种产业。网基电话不依赖电话线，它可以利用万维网进行通话。这种技术或许能够开创一种崭新的、更加灵活的无线通讯服务，而且它价格低廉，只要付相当于给邻居打电话的费用就可以与世界任何一个地方的人通话。

网基电话技术已经问世十多年了，目前它有望获得迅猛的发展。网基电话正吸引着有线电视业和传统电话业的巨人们。

网基电话的吸引力是不言而喻的——费用低廉，功能多样，能够对来电进行过滤、屏蔽、存储以及转接。网基电话的支持者称，网基电话从前的一些缺陷，诸如声音质量和稳定性等，都将很快得到解决。

消费者如果想要使用网基电话，他就需要与运营商签约，然后获得网基电话网关或适配器，使普通电话与宽带互联网相连。电话的内容在互联网上以数据包的形式传送。网基电话不同于传统的电话，如果遇到断电，网基电话就无法使用了，这是它的一个重大缺陷。但是用户可以购买一个后备电池，使计算机和网基电话在断电情况下也能够继续工作。有些电讯公司甚至将后备电池作为网基电话服务的一个部分。

网基电话现在的主要优点是它价位低，但是它最终将通过各种功能的增强赢得用户的青睐。

智能手机

科技革命常以两种特色出现，或是惊人的迅速，或是难以觉察的迟缓。迅速的一类，如各种数字式音乐播放器突然遍地开花，或是音乐共享网站大量出现，似乎都是转瞬间即可改变了文化的面貌。而那些较缓慢发生的变化则往往持续数十年，以渐进、微妙的方式改变我们的生活工作方式。

目前，世界上有15亿部手机，是个人电脑数量的3倍还多。现在手机已然成为我们生活的一部分，令人难以想象在此前没有它们的时

候人类的生活情况是什么样子的。

电话变得越来越智能、小型、快速，并且能够让用户高速链接到因特网，一个显而易见的问题就出现了：移动手持设备将成为下一代的计算机吗？其实从某种意义上讲，它已经是了。目前最高档的一

些手机的处理能力已相当于20世纪90年代中期的个人电脑，而能耗还

不到电脑的1%。而且，现在越来越多的手机具有电脑的功能，使手机拥有者可以发送电子邮件、浏览网页，甚至拍摄照片等。

许多公司正竞相开发具有全电脑功能的手机，业界称为"智能

手机"，PalmOne是其中的一家。PalmOne的最新产品是Treo600，

其外形纤巧，带有微型键盘、内置数码相机，以及附加储存卡用插槽。其他的设备制造商也推出了一系列富有自身品牌特色的智能手机。

加特纳研究机构的调查结果显

示，目前智能手机仅占有手机总销量的5％，但是这个数字每年都在

③通话方面，智能手机可以打电话发短信，电脑却不行。

翻番。在美国，商务人士是智能手机的主要购买者和使用者。

从一定程度上讲，智能手机比电脑还有优势。通过以下对比可以发现智能手机（PPC）和电脑的功能基本接近。

（1）在以下功能上智能手机更具优势：

①游戏方面，电脑应付不了大型游戏，而智能手机上可玩的小游戏还真不少。

②浏览网页方面，其实手机屏幕横向有800万像素，基本上浏览网页够用了，但如果能更高就更好了。

④导航方面，智能手机带的GPS功能也很方便。

⑤电影方面，480P的影片已经比电视效果好多了，估计大部分人都可以接受用智能手机看这

样的片子。

⑥便携方面，4寸的屏幕可以放在口袋里，而电脑就不方便携带了。

（2）未来智能手机的优缺点：

这样的一部手机能够让人随时随地通过电话、短信、网络与外界保持图像、声音、文字、坐标上的全方位联系，还能够通过网络、电话、短信、GPS及时、全面地了解世界、了解朋友、了解自己。同时，它还可以将娱乐功能发挥得淋漓尽致，能够畅快地看电影、玩游戏，其乐无穷。

但是，这样功能强大的智能手机也有一个坏处，就是它让人与人之间更透明、更加没有距离了，能够让人更方便地找到对方，领导能够随时随地安排工作给员工，因为员工到时可以随时随地连入公司的办公系统。甲和乙在通过电话聊天的时候可以通过GPS获得乙的具体位置，实现24小时全天候全方位的追踪监控。"触手可及"是双向的，在获得便捷服务的同时，自己也在别人"触手可及"的范围内。

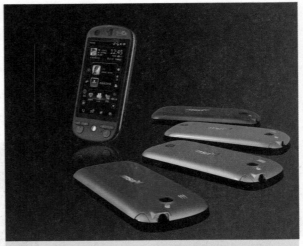

第四章

通信技术

通信技术和通信产业是20世纪80年代以来发展最快的领域之一，无论是在国际上还是在国内都是如此。这也是人类进入信息社会的重要标志之一。

无论是现在的电话，还是网络，要解决的最基本的问题都是人与人的沟通。现代通信技术，就是随着科技的不断发展，采用最新的技术来不断优化通信的各种方式，让人与人的沟通变得更为便捷、有效。

通信就是互通信息。从这个意义上来说，通信在远古时代就已存在。人与人之间的对话是通信，用手势表达情绪也可算是通信；以前用烽火传递战事情况是通信，用快马与驿站传送文件当然也是通信。

从总体上看，通信技术实际上就是通信系统和通信网的技术。通信系统是指点对点通信所需的全部设施，而通信网是由许多通信系统组成的多点之间能相互通信的全部设施。随着通信技术的发展，人类社会已经逐渐步入信息化社会了。

无线通信

无线技术给人们带来的影响是无可争议的。如今每天大约有15万人成为新的无线用户，全球范围内的无线用户数量目前已经超过2亿。这些人包括大学教授、仓库管理员、护士、商店负责人、办公室经理和卡车司机等。他们使用无线技术的方式和他们自身的工作一样都在不断地更新着。

◇ 无线通信的发展历程

20世纪70年代，人们就开始了无线网的研究。在整个20世纪80年代，随着以太局域网的迅猛发展，以具有不用架线、灵活性强等优点的无线网以己之长，补"有线"所短，也赢得了特定市场

的认可。但也正是因为当时的无线网是作为有线以太网的一种补充，遵循了IEEE802.3标准，使直接架构于802.3上的无线网产品存在着易受其他微波噪声干扰、性能不稳定、传输速率低且不易升级等弱点，不同厂商的产品相互之间也不

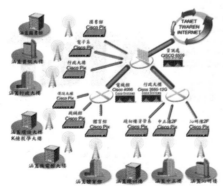

兼容，这些都限制了无线网的进一步应用。

这样一来，制定一个有利于无

线网自身发展的标准就被提上了议事日程。到1997年6月，IEEE终于通过了802.11标准。

802.11标准是IEEE制定的无线局域网标准，主要是对网络的物理层和媒质访问控制层（MAC）进行了规定，其中对MAC层的规定是重点。各厂商的产品在同一物理层上可以互相操作，逻辑链路控制层（LLC）是一致的，即MAC层以下对网络应用是透明的。这样就使得无线网的两种主要用途——"（同网段内）多点接入"和"多网段互连"易于质优价廉地实现。对应用来说，更重要的是，

在某种程度上的"兼容"就意味着竞争开始出现。而在IT这个行业，"兼容"就意味着"十倍速时代"降临了。

在MAC层以下，802.11规定了三种发送及接收技术：扩频技术、红外技术和窄带技术。而扩频又分为直接序列扩频技术（简称直扩）和跳频扩频技术。直序扩频技术，通常又会结合码分多址CDMA技术。无线网在全世界范围内已经有了较大的发展，单以美国无线局域网销售额为例：1997年为2.1亿美元，而到2001年时，就已增加到8亿美元了。

从最初的电报开始，经过150多年发展的现代电信是来自各界的

成千上万科学家、工程师和研究人员辛勤劳动的结果。他们当中只有少数独立负责发明的个人成了名，而大多数达到顶点的发明则是许多默默无闻的工作人员的智慧结晶。

广播电台安有发射电磁波的装置，收音机是接受电磁波的装置。

实现无线通信的电磁波是由变化的电场、变化的磁场组合而成的。不同广播电台发送的载波频率不一样。收音机内有一个调节旋钮，通过它可以改变收音机接收电磁波的频率。只有当接受的频率与发射电磁波的频率相同时，收音机才能收听到加在这个发射电磁波上的声音。

有发射电磁波和接受电磁波的装置，就能实现空中的无线通信。现在生活中常用的对讲机，就是一种小型的无线电收发机。人对着对讲机的话筒讲话，对讲机内的设备就会将声音加在发射机发出的载波上发射出去。

在实际研究中，还经常用波的长短表示电磁波频率的高低。波长与频率成反比，波长越长的

电磁波频率越低。广播电台用的载波是短波，无线通信用的载波是短波或超短波。为了适应战争的需要，在军队中使用的无线通信设备应当做到体积小、重量轻、易操作、抗干扰。例如海湾战争中，装备到步兵班的AN/PRC-126超短波电台，大小与一本书差不多，质量只有102千克，使用非常方便，可以工作130 000小时不出故障。又如KY-99背负式话音和

数据保密机，能进行语音和数据的保密通信，质量2千克。

现代战争中，天空中飞行的飞机，地面上奔驰的坦克、装甲车、汽车，海上航行的舰艇，都装备了无限通信装置。这些装置保证了上下级部门、友邻部队之间的密切联系。

◇ 无线通信的先驱者

克拉克：1917年出生于英格兰的Minehead。在苏联发射第一颗人造地球卫星Sputnik–1前12年，克拉克于1945年在"无线世界"中发表

文章建议利用静止卫星实现世界范围的无线电覆盖。从此，卫星通信成为世界通讯系统非常重要的组成部分。克拉克的其他发明还有观测地球的卫星平台的利用和

操作灵活的低加速的在星际间飞行的太阳帆。

巴登、比拉特恩和邵克莱：晶体管是由在美国贝尔实验室工作的这三位物理学家于1947年发明的。晶体管可以检波，放大，整流并能将其打开和关闭。它们体积很小，便宜，能耗也非常小。

莫尔斯：1791年4月27日生于美国麻萨诸塞州查尔斯顿市，1872年4月在纽约城去世。莫尔斯是电磁纪录电报的发明者，是点划电报

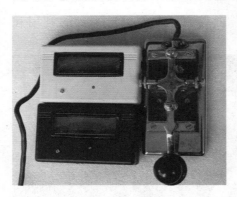

码的开发者，因此点划电报码又称莫尔斯码。莫尔斯在其早年酷爱艺术。1832年，在他41岁的时候，莫尔斯完成了他的电报的设计，并于1837年8月进行公开演示。后来

莫尔斯提出专利申请，获得美国专利，但他向国会申请贷款建设实验性公众电报线路直到1843年才获得

批准。1844年5月24日，莫尔斯从华盛顿向巴尔地摩（60公里）发送了他的第一次电报。虽然现在电报已在很大程度上被很多的现代通信业务所代替，但莫尔斯的最初的概念仍在使用，并且莫尔斯码仍然被作为发送信息的通用标准。

贝尔：1847年4月3日生于苏格兰的爱丁堡，1922年8月2日在

Baddeck去世。1876年3月10日，贝尔在美国波斯顿宣布"瓦特森先生来了，我需要您"，组成第一个智能句子在电话线里传送。虽然有一些其他发明者早些时候已经能够将声音在一定距离间传送，但贝尔是

第一个获得发明专利的。仅在两年后的1878年3月25日，贝尔又作出了如下预测："电话电缆可以铺在地下或架空，利用支线将私人住宅、乡村、商店、工厂等连接起来，通过主电缆和中心交换实现任何两个地方的直接通信是可能的。我相信，电话面向公众是必然的结果。不仅如此，我确信，在将来，

电线将会把不同城市的电话公司的电话局连接起来，一个人能够与不同地方的人打电话"。贝尔不但在他29岁时发明了电话，他在电信和航空方面也有许多发明。他一生中还努力帮助聋哑人。

马克尼：1874年4月25日生于意大利的宝龙那，1937年7月20日在罗马去世。作为一名学生时，马克尼对电磁和赫兹波的应用就特别感兴趣。1896年6月2日，他申请了他的第一个关于无线电的专利。

马克尼是高度实践和企业化的人，

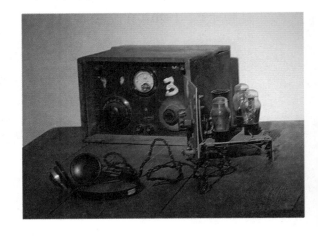

他很快就将他的发明商业化，并于1897年7月在伦敦建立了他的第一个无线电报公司。1899年，他操纵发送跨英吉利海峡的无线电信号；1901年发送了跨大西洋（从英格兰的康沃尔到荷兰的信号山）的信号；1907年，开通了大西洋彼岸的

无线电业务；1909年获得了诺贝尔物理奖；1920年在改进的马克尼公司演播室开始声音广播。1924年，他发明了能提供世界范围通信业务的天波传输。马克尼的一生都贡献给了无线电通信的发展，由他自己或其领导的公司共获得近800项专利。

波波夫：1859年3月16日生于乌克兰，1906年1月13日在圣彼得

堡去世。波波夫是圣彼得堡附近的Kronstadt的诺罗斯皇家海军学校的物理讲师。在赫兹演示他的电磁波的存在实验之后，波波夫进行了利用接收机监测电磁波存在的实验。在1895年5月7日向诺罗斯物理和化学学会演示了他的实验。几天后，波波夫在喀琅施塔德斯基提出报告，该报告的结论是："试验的目

的是为了显示在一定距离不用导线传送信号在理论上是可行的，换句话说，发送无线电报，必须借助电磁发射"。

斯戳格：1838年生于Rochester附近，1902年去世。在1889年他发明了自动电话交换机，他有一次发现，一个阴差阳错的原因使得，本地电话操作

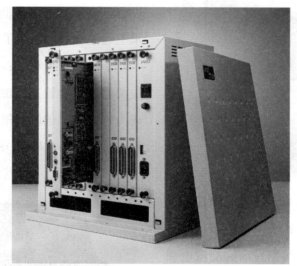

者将其业务电话接到了他的竞争对手的电话局。因此，他有了自动电话交换机的设想，并根据这个思想在美国的La Port安装了世界上第一个商用自动交换机。

考劳罗夫：1906年12月30日生于苏联的Zhitomir。1966年1月14日在莫斯科去世。考劳罗夫从1947年开始指导苏联火箭设计，在1957年10月4日发射了第一颗人造地球卫星。以后他负责指导更多的现代火箭的开发工作，火箭技术对人造地球卫星的发射是非常重要的。他还指导了包括Molniya-1通信卫星系列在内的很多卫星的开发工作。

赫兹：1857年2月22日生于德国的汉堡，1894年1月1日在波恩去世。赫兹于1887—1888年在Karisruhe大学发现电磁波。1887年赫兹验证了电磁波的存在，证明了麦克斯威尔的电磁场理论。赫兹的发现是无线电技术的基础，也是后来广播和电视发展的基础。

伏特：1745年2月18日生于意大利的科摩，1827年3月5日在科摩

去世。伏特致力于研究利用化学反应产生电。他发现了第一个电荷，是开发通信用电池的先驱。

特斯拉：1856年7月10日生于塞尔维亚的斯密廉。1943年1月7日在纽约去世。特斯拉研究交流电和高频无线电波。1899年他演示了不用导线传送电能的实验，并在美国克罗里达州建设了一座发射台，它可以清楚地接收到一千里以外的信号。他还发明了两个电路间感应耦合系统。他一生中得到了一百多项专利，例如电容器的制造、电导体绝缘、频率表等。

波特：1845年9月11日生于法国的Magneux。1943年3月28日在法国的Sceaux去世。他用终生来开发一种快速印字电报。当他成功地改进了各种装置，并在国际电器展览会上演示了能同时发送六种信息的设备。波特系统在全世界的地面和水上通信链路中使用了70多年。

李·德·福利特：1906年他在夫莱名的二极管上又加上一个电极成为三极管，他的三极管改善了信号接收情况并可以将信号进行放大。

全球卫星定位系统

全球卫星定位系统简称GPS，是一种结合卫星及通讯发展的技术，利用导航卫星进行测时和测距。全球卫星定位系统是美国从

20世纪70年代开始研制的，历时20多年，耗资200亿美元，于1994年全面建成，是具有海、陆、空全方位实施三维导航与定位能力的新一代卫星导航与定位系统。经过多年来我国测绘等部门的使用表明，全球卫星定位系统以全天候、高精度、自动化、高效益等特点，成功

应用于大地测量、工程测量、航空摄影、运载工具导航和管制、地壳运动测量、工程变形测量、资源勘察、地球动力学等多种学科，取得了良好的经济效益和社会效益。

GPS系统的前身为美军研制的一种子午仪卫星定位系统，于1958年研制，1964年正式投入使用。该系统用5到6颗卫星组成的星网工作，每天最多绕过地球13次，在定位精度方面也不尽如人意。然而，子午仪系统是研发部门在卫星定位

方面取得的初步成功，并验证了由卫星系统进行定位的可行性，为GPS系统的研制打下了基础。由于卫星定位显示出了在导航方面的巨大优越性及子午仪系统存在对潜艇

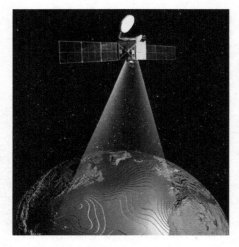

和舰船导航方面的巨大缺陷，美国海陆空三军及民用部门迫切需要一种新的卫星导航系统。为此，美国海军研究实验室（NRL）提出了名为Tinmation的用12到18颗卫星组成的10000千米高度卫星网的全球定位网计划，并于1967年、1969年和1974年各发射了一颗试验卫星，在这些卫星上初步试验了原子钟计时系统，这是GPS系统精确定

位的基础。美国空军提出621-B的以每星群4到5颗卫星组成3至4个星群的计划，这些卫星中除1颗采用同步轨道外，其余的都使用周期为24小时的倾斜轨道。该计划以伪随机码（PRN）为基础传播卫星测距信号，其强大的功能使得即使在信号密度低于环境噪声的1％时也能将其检测出来。伪随机码的成功运用是GPS系统得以取得成功的一个重要基础。而海军的计划则主要是用于为舰船提供低动态的2维定位。空军的计划能供提供高动态服

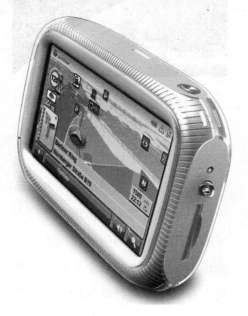

务，然而系统过于复杂。由于同时研制两个系统会造成巨大的费用，而且这两个计划都是为了提供全球定位而设计的，所以1973年美国国防部将二者合二为一，并由国防部牵头的卫星导航定位联合计划局（JPO）领导，还将办事机构设立在洛杉矶的空军航天处。该机构成员众多，包括美国陆军、海军、海军陆战队、交通部、国防制图局、北约和澳大利亚的代表。

最初的GPS计划终于在联合计划局的领导下诞生了，该方案将24颗卫星放置在互成120°的三个轨道上。每个轨道上有8颗卫星，地球上任何一点均能观测到6至9颗卫星。这样，粗码精度可达100米，精码精度为10米。然而由于预算压缩，GPS计划部不得不减少卫星发射数量，改为将18颗卫星分布在互成60°的6个轨道上，而这一方案也使得卫星可靠性得不到保障。于是，1988年又进行了最后一次修改：21颗工作星和3颗备份星工作

在互成30°的6条轨道上。这也是现在GPS卫星所使用的工作方式。自1978年以来已经有超过50颗GPS和NAVSTAR卫星进入轨道。

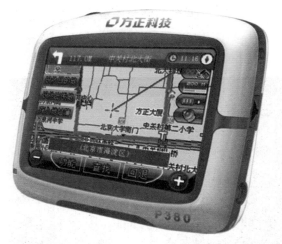

光纤有线通信

光纤通信技术从光通信中脱颖而出，已成为现代通信的主要支柱

之一，在现代电信网中起着举足轻重的作用。光纤通信作为一门新兴技术，其近年来的发展速度之快、应用面之广在通信史上实属罕见，也是世界新技术革命的重要标志和未来信息社会中各种信息的主要传送工具。

光纤即为光导纤维的简称。光

纤通信是以光波作为信息载体，以光纤作为传输媒介的一种通信方式。从原理上看，构成光纤通信的基本物质要素是光纤、光源和光检测器。光纤除了按制造工艺、材料组成以及光学特性进行分类外，在应用中，光纤常按用途进行分类，可分为通信用光纤和传感用光纤。传输介质光纤又分为通用与专用两种，而功能器件光纤则指用于完成光波的放大、整形、分频、倍频、调制以及光振荡等功能的光纤，并

常以某种功能器件的形式出现。

◇ 光纤通信的特点

光纤通信之所以发展迅猛，主要由于它具有以下特点：

（1）通信容量大、传输距离远。一根光纤的潜在带宽可达20THz。采用这样的带宽，只需一秒钟左右，即可将人类古今中外全部文字资料传送完毕。目前400Gbit/s系统已经投入商业使用。光纤的损耗极低，在光波长为1.55μm附近，石英光纤损耗可低于0.2dB/km，这比目前任何传输媒质的损耗都低。因此，无中继传输距离可达几十、甚至上百公里。

（2）信号串扰小、保密性能好；抗电磁干扰、传输质量佳，电通信不能解决各种电磁干扰问题，唯有光纤通信不受各种电磁干扰；光纤尺寸小、重量轻，便于铺设和运输；材料来源丰富，环境保护好，有利于节约有色金属铜；无辐射，难于窃听，因为光纤传输的光波不能跑出光纤以外；光缆适应性强，寿命长；质地脆，机械强度差；光纤的切断和接续需要一定的工具、设备和技术；分路、耦合不灵活；光纤光缆的弯曲半径不能过小（>20cm）；有供电困难问题。

光纤通信是一种利用光波在光导纤维中传输信息的通信方式。由于激光具有高方向性、高相干性、高单色性等显著优点，光纤通信中的光波主要是激光，所以又叫做激光光纤通信。

◇ 光纤通信的发展历程

1966年英籍华人高锟博士发表了一篇具有划时代意义的论文，他

提出利用带有包层材料的石英玻璃光学纤维作为通信媒质，从此开创了光纤通信领域的研究工作。1977年美国在芝加哥相距7000米的两个电话局之间，首次用多模光纤成功地进行了光纤通信试验，85微米波段的多模光纤成为第一代光纤通信系统。1981年又实现了两电话局间使用1.3微米多模光纤的通信系统，称为第二代光纤通信系统。1984年实现了1.3微米单模光纤的通信系统，即第三代光纤通信系统。80年代中后期又实现了1.55微米单模光纤通信系统，即第四代光纤通信系统。用光波反复用来提高速率，用光波放大增长传输距离的系统，称为第五代光纤通信系统。